VINCE EBERT wurde 1968 in Amorbach im Odenwald geboren und studierte Physik an der Julius-Maximilians-Universität Würzburg. Nach dem Studium arbeitete er zunächst in einer Unternehmensberatung und in der Marktforschung, bevor er 1998 seine Karriere als Kabarettist begann. Seine Bühnenprogramme «Physik ist sexy» (2004), «Denken lohnt sich» (2007) und «Freiheit ist alles» (2010) machten ihn als Wissenschaftskabarettisten bekannt, der mit Wortwitz und Komik sowohl Laien als auch naturwissenschaftliches Fachpublikum begeistert. In der ARD moderiert Vince Ebert regelmäßig die Sendung «Wissen vor acht – Werkstatt»; im September 2013 feierte er mit seinem neuen Bühnenprogramm «EVOLUTION» Premiere. Ob als Kabarettist, Autor oder als Referent, Vince Eberts Anliegen ist die Vermittlung wissenschaftlicher Zusammenhänge mit den Gesetzen des Humors.

Seine beiden ersten Bücher «Denken Sie selbst! Sonst tun es andere für Sie» und «Machen Sie sich frei! Sonst tut es keiner für Sie» sind beide im Rowohlt Verlag erschienen und standen monatelang auf der Bestsellerliste und verkauften sich über eine halbe Million Mal.

Mehr über den Autor erfahren Sie unter: **WWW.VINCE-EBERT.DE** und auf **FACEBOOK.COM/VINCE.EBERT**

VINCE EBERT
BLEIBEN SIE NEUGIERIG!

**MACHT SAUER LUSTIG?
DARF MAN GELBEN SCHNEE ESSEN?
UND ANDERE FRAGEN AUS
DER WISSENSCHAFT**

Rowohlt Taschenbuch Verlag

ORIGINALAUSGABE
Veröffentlicht im Rowohlt Taschenbuch Verlag,
Reinbek bei Hamburg, Oktober 2013
Copyright © 2013 by Rowohlt Verlag GmbH,
Reinbek bei Hamburg
Redaktion Andy Hartard, HERBERT Management, Frankfurt a. M.
Umschlaggestaltung und Innenlayout Änni Perner
(Fotos Umschlag und Innenteil: © Thorsten Wulff)
Satz Dörlemann Satz, Lemförde
Druck und Bindung GGP Media GmbH, Pößneck
Printed in Germany
ISBN 978 3 499 63043 9

INHALT

VORWORT 12

PHYSIK – QUANTENSPRÜNGE & ATOMPILZE 17

1. Warum verändert sich die Tonhöhe eines
   Rennwagens, wenn er an uns vorbeifährt? *19*
2. Wie funktioniert eine Bananenflanke? *22*
3. Warum sprühen selbstklebende Briefumschläge
   Funken? *25*
4. Warum schwimmen Eisberge? *29*
5. Was ist das Besondere an Gummi? *32*
6. Kann man sich tatsächlich nicht schneller als
   Licht bewegen? *35*
7. Warum wird es nachts dunkel? *38*
8. Ist ein Quantensprung groß oder klein? *41*
9. Warum ist Schnee weiß? *44*
10. Warum scheint die Sonne? *47*
11. Warum bleibt eine Tasse auf dem Tisch stehen? *52*
12. Warum ist Eis glatt? *55*
13. Warum gibt es Erdbeben? *58*
14. Wie entsteht ein Atompilz? *61*

ERNÄHRUNG – KALORIEN & GRENZWERTE 65

1. Warum fallen Brote fast immer auf die Butterseite? *67*
2. Ist destilliertes Wasser giftig? *70*
3. Warum sind Diäten sinnlos? *73*
4. Wie wirkt Glutamat? *76*
5. Was ist ein Grenzwert? *79*
6. Schaden Mikrowellen den Vitaminen? *83*
7. Sind Obst und Gemüse giftig? *85*
8. Was steckt im Himalaya-Salz? *88*
9. Warum wird im Hochgebirge das Teewasser nicht heiß genug? *91*
10. Wie hat man früher ohne Gefrierschrank Eis hergestellt? *94*
11. Sollten Soft Drinks verschreibungspflichtig sein? *97*
12. Warum zerbrechen Spaghetti immer in mehr als zwei Stücke? *100*
13. Warum haben Sektflaschen einen gewölbten Boden? *103*

TECHNIK – TEFLON & TEILCHENBESCHLEUNIGER 107

1. Warum fliegt ein Flugzeug? *108*
2. Wie funktioniert ein Lügendetektor? *111*
3. Kann man mit Kunstdünger tatsächlich
   Sprengstoff herstellen? *114*
4. Wie funktioniert Magnetresonanztomographie? *117*
5. Warum gibt es kein Perpetuum Mobile? *120*
6. Wie viel ist mein altes Handy wert? *123*
7. Ist Elektrosmog gefährlich? *126*
8. Wie funktioniert ein Schalldämpfer? *130*
9. Warum sind manche Rauchmelder radioaktiv? *133*
10. Was passiert in einem Teilchenbeschleuniger? *136*
11. Was ist ein PS? *140*
12. Wie funktioniert ein Laser? *143*
13. Warum ist ein elektrischer Weidezaun
    ungefährlich? *146*
14. Ist die Teflonpfanne ein Abfallprodukt der
    Raumfahrt? *149*
15. Woraus besteht eine Flamme? *153*

TIERE – KING KONG & KATZEN ... 157

1. Warum hat der Pfau ein Rad? ... *158*
2. Was ist das Besondere an Schrödingers Katze? ... *161*
3. Wie stark ist King Kong wirklich? ... *164*
4. Warum schnurren Katzen? ... *167*
5. Warum werden in Dörfern mit vielen Störchen mehr Kinder geboren? ... *170*
6. Muss der Bär ins Fitnessstudio? ... *173*
7. Warum fliegen manche Vögel in den Süden und manche nicht? ... *176*
8. Warum stehen Ameisen nicht im Stau, wir aber schon? ... *179*
9. Wie entsteht ein Kater? ... *182*
10. Gibt es fremdes Leben? ... *185*
11. Warum sind die Dinosaurier ausgestorben? ... *189*

MENSCHEN – SCHNARCHEN & VERHÜTUNG 193

1. Wie viele Menschen gibt es auf der Welt? *195*
2. Wieso leiden mehr Männer als Frauen unter Rot-Grün-Blindheit? *198*
3. Warum riecht Nivea nach Kindheit? *201*
4. Warum wacht der Schnarcher nicht von seinem eigenen Schnarchen auf? *204*
5. Warum bekommen wir eine Erkältung? *207*
6. Warum bekommen Männer Glatzen? *211*
7. Warum gibt es Sex? *215*
8. Wie schwer ist mein Kopf? *218*
9. Wachsen Haare nach dem Tod wirklich noch weiter? *220*
10. Warum schließen wir uns so gerne der Mehrheitsmeinung an? *223*
11. Wann hat sich Sprache entwickelt? *226*
12. Warum macht uns Alkohol schwindlig? *229*
13. Was ist das Geheimnis einer glücklichen Ehe? *232*

SKURRILES – GOTT & DIE WELT ... 237

1. Wie entstehen Kassenschlangen? ... 239
2. Wie funktionieren Power-Balance-Armbänder? ... 242
3. Kann man sich bei einem fallenden Aufzug mit einem Sprung nach oben retten? ... 245
4. Kann es Zeitreisen geben? ... 248
5. Ist es sicherer, besoffen nach Hause zu fahren oder zu laufen? ... 252
6. Was würde passieren, wenn man ein Loch quer durch die Erde bohren und dann in das Loch springen würde? ... 255
7. Warum gewinnt die Bank immer? ... 258
8. Was ist dran an Horoskopen? ... 261
9. Wie oft müsste man ein Blatt Papier falten, bis es zum Mond reicht? ... 264
10. Warum kann man über glühende Kohlen gehen? ... 267
11. Was ist der Stein der Weisen? ... 270
12. Sind wir unsterblich? ... 274
13. Gibt es einen Gott? ... 277

HINTER DEN KULISSEN – EIN WERKSTATTBERICHT ... 280

DANKSAGUNG ... 282

Kann dieses Auge lügen?

VORWORT

LIEBE WISSENSDURSTIGE,
LIEBER WISSENSDURSTIGER,

ein Ehemann kommt überraschend nach Hause und findet seine Frau im aufgewühlten Bett. Er öffnet den Kleiderschrank, darin kauert ein nackter Mann mit Flipchart und Zeigestock, der zu ihm sagt: «Ich kann alles erklären ...»

Falls Sie das witzig finden, liegen wir humortechnisch schon mal auf derselben Wellenlänge. Ich möchte Ihnen nämlich in diesem Buch auf vergnügliche Art und Weise die großen und kleinen Geheimnisse aus der Welt der Wissenschaft näherbringen – allerdings ohne Flipchart oder Zeigestock, und selbstverständlich vollständig bekleidet. Warum kann man über glühende Kohlen gehen? Wieso muss King Kong zur Rückenschule? Was ist das Geheimnis einer glücklichen Ehe? Nach dieser Lektüre sind Sie hoffentlich ein wenig schlauer.

Aber ich sag's Ihnen gleich vorweg: Trotz vieler erstaunlicher Erkenntnisse werden Sie in diesem Buch keine absoluten Wahrheiten finden. Für die sind Theologen und Päpste zuständig. Wir Naturwissenschaftler kennen allenfalls den aktuellen Stand des Irrtums.

Als man vor 200 Jahren zum ersten Mal unter dem Mikroskop männliche Samenzellen gesehen hat, glaubte man, es seien Parasiten (was in gewisser Weise ja auch stimmt). Noch vor wenigen Jahrzehnten hielt man Ärzte, die sich vor einer Operation die Hände wuschen, für Spinner. Und in manchen Provinzkrankenhäusern ist das mitunter immer noch so.

Viele große Denker haben sich in fundamentalen Dingen geirrt. «Das Rebhuhnweibchen kann durch die Stimme des Männchens befruchtet werden», war Aristoteles überzeugt. «Die Strahlen dieses Herrn Röntgen werden sich als Betrug herausstellen», wetterte der große Lord Kelvin. «Lolita und ich bleiben für immer zusammen», hoffte Lothar Matthäus.

Was natürlich nicht bedeutet, dass es keine Wahrheit gibt. Sie existiert, aber Wissenschaft und Forschung können sich ihr immer nur in kleinen und manchmal auch größeren Schritten nähern. Man irrt sich sozusagen nach oben. Und dabei wissen wir niemals, wie weit wir von der absoluten Wahrheit entfernt sind.

Doch ist es wirklich erstrebenswert, die Wahrheit zu kennen? Immerhin weiß man aus der modernen Hirnforschung, dass wir Menschen gar nicht so stark an ihr interessiert sind. Ehrlich gesagt ist unserem Hirn die Wahrheit schnurzegal. Und das ist ausnahmsweise wirklich mal die Wahrheit!

Unser Gehirn ist viel mehr daran interessiert, sich wohlzufühlen, als zu wissen, wieso das Higgs-Boson einen Wirkungsquerschnitt von 80 Picobarn hat oder mit welcher Geschwindigkeit sich die Andromeda-Galaxie auf unsere Milchstraße zubewegt. Deswegen verkaufen sich auch Bücher wie *Harry Potter*, *Herr der Ringe* oder die *Bibel* deutlich besser als *Interpretationstechnik der objektiven Hermeneutik* oder *Einführung in die relativistische Quantenchromodynamik*.

Obwohl, ein bisschen was wollen wir schon wissen. Und wenn es nur darum geht, auf der nächsten Party damit protzen zu können: «Wusstest du übrigens, dass *jetzt gerade* die Andromeda-Galaxie mit 1000 Kilometern pro Sekunde auf unsere Milchstraße zurast? Und ist dir klar, dass das Higgs-Boson einen Wirkungsquer... – hey, wo willst du denn hin?»

Im Laufe der letzten Jahrhunderte haben kluge Wissenschaftler, kreative Denker und findige Ingenieure eine unfassbar große Menge Wissen angesammelt. Einiges davon möchte ich Ihnen in diesem Buch vorstellen: Erkenntnisse und Erfindungen, die unser

Leben verändert und unsere Weltbilder komplett über den Haufen geworfen haben. Zum Beispiel wissen wir heute schon, dass es am 16. Juli 2186 die längste Sonnenfinsternis der letzten 5000 Jahre geben wird. Das müssen Sie mir jetzt nicht glauben. Warten Sie einfach ab.

Ich gebe zu, ich bin gerne ein Klugscheißer. Mich interessieren spannende Fragen. Genau das ist das Konzept der ARD-Sendung *Wissen vor 8 – Werkstatt*, die ich seit nunmehr über zwei Jahren moderiere. Die Idee dazu ist so einfach wie aufregend: Zuschauer stellen Fragen, und ich versuche, sie innerhalb von 145 Sekunden möglichst umfassend zu beantworten. Der kleine Kick Wissen kurz vor der *Tagesschau*. An dieser Stelle vielen Dank, liebe Fernsehzuschauer, für Ihren Wissensdurst, Ihre Neugier und Ihre vielen, vielen kreativen Gedanken, die meine Redaktion und mich immer wieder aufs Neue vor große Herausforderungen stellen. Denn 145 Sekunden sind ziemlich kurz. Oftmals diskutieren wir in der Redaktionskonferenz lange und intensiv darüber, wie man ein bestimmtes Phänomen so kurz und knackig erklären kann, dass es bei Ihnen, liebe Zuschauer, «klick» macht.

Manche Fragen lassen sich sehr schnell beantworten. Wie funktionieren Wünschelruten? (Gar nicht.) Bekommen Haie Krebs? (Ja, aber sie gehen vorher nicht zum Arzt.) Wenn ein Leberkäsebrötchen 1,10 Euro kostet und der Leberkäse einen Euro mehr als das Brötchen – wie viel kostet dann das Brötchen? (... nicht ganz so leicht, oder?)

Andere Fragen sind so kompliziert, dass man dafür gut und gerne eine 90-Minuten-Sendung produzieren oder eigenes Buch herausbringen müsste. Sind wir alleine im Universum? Ist der Musikantenstadl mit der Evolutionstheorie vereinbar? Wieso steigt die Anziehungskraft von Soßen auf Tischdecken mit der Komplementärfarbe?

In diesem Buch habe ich versucht, die interessantesten Fragen von insgesamt über 100 *Wissen vor 8 – Werkstatt*-Folgen zusammenzustellen. Und natürlich auch die verblüffendsten Antworten dazu. Treuen Zuschauern wird auffallen, dass einige der im Buch behandelten Fragen neu sind und in den Sendungen (noch) nicht erklärt wurden. Viele davon sind meine persönlichen Favoriten. Skurrile, unorthodoxe Fragen, die ich mit oft noch unorthodoxeren, skurrileren Antworten versehe.

Ich hoffe, Sie haben beim Lesen genauso viel Spaß, wie ich beim Recherchieren und Schreiben hatte. Bleiben Sie neugierig!

Ihr

Vince Ebert

PS: Falls Ihnen der Wissenschafts-Witz am Anfang gefallen hat, hier noch einer: Zwei Kolibakterien kommen in eine Bar. «Tut mir leid, wir bedienen keine Bakterien», sagt der Barkeeper. «Wieso bedienen?», antworten die beiden. «Wir arbeiten seit ewigen Zeiten in deiner Küche.»

PPS: Und falls Sie mehr wissen wollen oder Plagiatsjäger sind, schauen Sie doch am besten auf meine Homepage www.vince-ebert.de: Dort finden Sie eine ausführliche Auflistung aller Quellen. Denn für dieses Buch habe ich zahlreiche Bücher und Artikel gelesen, mit Fachleuten gesprochen und mich von ihnen inspirieren lassen. Wenn Sie, liebe Leser, weitere spannende Links oder Publikationen kennen oder Fragen zu den im Folgenden angesprochenen Themen haben – mailen Sie mir einfach. Ich würde mich freuen.

PHYSIK
QUANTENSPRÜNGE & ATOMPILZE

PER MAIL

WARUM VERÄNDERT SICH DIE TONHÖHE EINES RENNWAGENS, WENN ER AN UNS VORBEIFÄHRT?

Max F. (12) aus Arnsberg

Schuld daran ist ein Österreicher. Der Salzburger Physiker Christian Doppler beschrieb das Phänomen 1842 zum ersten Mal. Aufgrund von Berechnungen sagte er voraus, dass sich die Frequenz einer Welle verändern muss, wenn sich die Quelle gegenüber einem Beobachter bewegt. Die Erklärung für den sogenannten Dopplereffekt ist relativ simpel: Töne sind nichts anderes als geschubste Luft, die sich wellenförmig ausbreitet. Es sind also Schallwellen, die durch die Luft zu unserem Trommelfell wandern und es zum Schwingen bringen. Wir hören dann einen Ton. Und dieser Ton ist mal höher und mal tiefer, je nachdem, wie lang die Welle ist: Kurze Wellenlängen entsprechen höheren Tönen, lange Wellenlängen tieferen.

Wenn ein Rennwagen im Leerlauf aufjault, sendet er Schall einer bestimmten Wellenlänge in alle Richtungen aus. Startet er, fährt er seinem eigenen Schall hinterher. Die Wellen werden vor dem Wagen – ähnlich wie bei einer Bugwelle – zusammengedrückt. Die Wellenlänge verkürzt sich also. Hinter dem Wagen passiert genau das Gegenteil: Dort werden die Wellen auseinandergezogen, die Wellenlänge wird größer.

Genau das passiert, wenn der Rennwagen an uns vorbeifährt. Erst hören wir einen hellen, gestauchten Ton, dann den normalen und schließlich den tieferen, gedehnten Ton.

Heutzutage haut einen diese Erkenntnis natürlich nicht mehr aus den Socken. Jedes vorbeifahrende Martinshorn liefert den akustischen Beweis von Dopplers theoretischen Überlegungen. Doch Mitte des 19. Jahrhunderts war ein Nachweis schwierig. Denn um den Effekt wirklich hören zu können, muss sich die Schallquelle mit mindestens 70 Kilometer pro Stunde auf den Beobachter zubewegen, hatte Doppler ausgerechnet. Autos waren zu dieser Zeit aber noch nicht erfunden, und superschnelle Pferdekutschen mit Martinshörnern hatten sich auch nicht so richtig durchgesetzt.

1845 startete Christoph Buys Ballot, ein holländischer Kollege Dopplers, ein skurriles Experiment: Er engagierte mehrere Trompeter und positionierte sie an unterschiedlichen Stellen entlang eines Bahngleises sowie auf einem Eisenbahnwagen – das einzige Fortbewegungsmittel zu jener Zeit, dass die von Doppler berechnete Mindestgeschwindigkeit erreichen konnte. Es war ausgemacht, dass die Musiker auf dem Zug ein «G» spielen sollten, während ihre Kollegen am Bahnsteig den Tonunterschied notierten. Klingt super. Leider war das Experiment ein ziemliches Desaster. Der Lärm der Lok übertönte die Trompetengeräusche, der Heizer konnte die Geschwindigkeit nicht konstant halten, und zu allem Überfluss verpassten die feinen Herren Musiker immer wieder ihren Einsatz. Schon damals war es schwer, gutes Personal zu finden.

Dennoch gelang es Buys Ballot nach mehreren Versuchen, mit diesem schrägen Trompetenkonzert Dopplers Theorie zu bestätigen. Was gleichzeitig auch beweist, weshalb Doppler gegen Mozart – den zweiten berühmten Sohn Salzburgs – popularitätsmäßig bis heute ziemlich abstinkt. Wer weiß, ob Wolfgang Amadeus so berühmt geworden wäre, wäre die *Zauberflöte* von unzuverlässigen Trompetern unter holländischer Leitung auf einem windigen Eisenbahnzug uraufgeführt worden.

Inzwischen sind Dopplers Erkenntnisse von unschätzbarem

Wert. Auf dem Dopplereffekt basieren heute unzählige technische Anwendungen in der Astronomie, Chemie und Medizin. Navigationssysteme von Flugzeugen arbeiten genauso damit wie Radarfallen. Sogar die Urknall-Theorie konnte mit seiner Hilfe bestätigt werden!

Denn der Dopplereffekt lässt sich nicht nur bei Schall-, sondern auch bei Lichtwellen beobachten. Wenn sich eine Lichtquelle von uns entfernt, werden die Wellen, wie beim Schall auch, gedehnt, sodass wir das Licht «röter» sehen.

Vor etwa 100 Jahren erkannten Astronomen, dass das Licht von weit entfernten Sternen hin zu größeren Wellenlängen, also ins Rote, verschoben ist – der Beweis, dass sie sich von uns wegbewegen. Und zwar mit immenser Geschwindigkeit. Rechnet man zurück, so ergibt sich, dass unser Universum vor 13,8 Milliarden Jahren auf einen winzigen Punkt konzentriert war: der Beginn unserer Zeitrechnung.

Eine Lichtquelle, die sich auf uns zubewegt, zeigt übrigens eine Wellenlängenverschiebung ins Grüne. Und das eröffnet phantastische Möglichkeiten: Wenn Sie das nächste Mal an einer roten Ampel geblitzt werden, schreiben Sie einfach in den Anhörungsbogen: «Ich bin so schnell auf die Ampel zugefahren, dass sie durch den Dopplereffekt grün wurde.» Doch Vorsicht: Ein physikalisch bewanderter Polizeibeamter könnte Ihnen daraufhin trotzdem ein Strafmandat verpassen. Denn falls Ihre Aussage stimmt, müssten Sie mit rund 160 Millionen Kilometern pro Stunde durch die Stadt gerast sein. Und das gibt 'ne Menge Punkte in Flensburg ...

―――― MÜNDLICHE ZUSCHAUERFRAGE ――――

WIE FUNKTIONIERT EINE BANANENFLANKE?

Sven A. (48) aus Erlangen

Es ist allseits bekannt: Wenn Fußballer nicht gerade Fußball spielen, beglücken sie die Welt mit feinsinnigen, philosophischen Kabinettstückchen: «Der Kopf ist das dritte Bein» (Christoph Daum); «Fußball ist ding, dang, dong.» (Giovanni Trapattoni); «Die Schuh' müsse zum Görddl basse» (Lothar Matthäus).

Wer aber hätte gedacht, dass die Ballkünstler neben geisteswissenschaftlichen auch physikalische Überflieger sind? Fußballspieler können innerhalb von Bruchteilen einer Sekunde die Flugkurve eines aus 30 Meter Entfernung schräg geschossenen Balles berechnen, sodass er punktgenau auf ihrem Fuß landet. Mathematisch gesehen entspricht das der Berechnung einer komplizierten Differenzialgleichung unter Einbeziehung von Windgeschwindigkeit und Luftwiderstand. Eine Leistung, die selbst ein moderner Computer in dieser Geschwindigkeit nur mit Mühe bewältigen könnte. Wer hätte das gedacht? Wenn es um Flugkurven geht, ist selbst das schlichteste Fußballerhirn dem modernsten Pentium-Prozessor überlegen. Kein Wunder, dass bei solchen rechnerischen Glanzleistungen die rhetorischen Fähigkeiten etwas zu kurz kommen. Oder um mit dem großen Horst Hrubesch zu sprechen: «Manni Banane, ich Kopf, Tor!»

Gemeint ist übrigens Manni Kaltz, der per Innenspannstoß dem Ball eine solche Rotation gab, dass die berühmte Bananenflanke dabei herauskam: Ein Schuss, bei dem die Flugbahn des

Balles extrem gekrümmt ist. Aus physikalischer Sicht ein faszinierendes Phänomen.

Im Wesentlichen dreht sich bei der Bananenflanke alles um spezielle Luftströmungen. Dazu ein kleines Experiment, das Sie leicht zu Hause nachmachen können: Stecken Sie einen Strohhalm bündig durch einen Bierdeckel. Nähern Sie sich mit dem Deckel einem Blatt Papier, das flach auf dem Tisch liegt, bis zwischen Deckel und Blatt ein schmaler Spalt bleibt. Nun pusten Sie in das Röhrchen (ob mit oder ohne Alkohol ist in diesem Fall nebensächlich). Was wird passieren? Entgegen unserer Intuition wird das Blatt nicht weggeblasen werden, sondern es saugt sich an den Deckel an. Grund dafür ist der sogenannte Bernoulli-Effekt.

1738 entdeckte der Schweizer Mathematiker Daniel Bernoulli, dass der Druck einer Strömung auf angrenzende Flächen mit zunehmender Geschwindigkeit abnimmt. Je schneller Luft strömt, desto geringer wird der Luftdruck. In unserem Fall entsteht also zwischen Papier und Bierdeckel ein Unterdruck, der das Blatt in Richtung Deckel zieht.

Bei der Bananenflanke dagegen drückt der Luftdruck den Ball nicht nach oben, sondern gibt die Richtung an. Dafür wird der Ball aus dem Spiel heraus mit dem Fußballschuh angeschnitten. Dabei wird er auf etwa 100 Kilometer pro Stunde beschleunigt und erhält gleichzeitig einen starken Effet, der ihn mit bis zu acht Umdrehungen pro Sekunde um die eigene Achse rotieren lässt. Dreht sich der auf diese Weise angeschnittene Ball gegen den Uhrzeigersinn, so strömt aufgrund der Drehung die Luft auf der 9-Uhr-Seite schneller als auf der gegenüberliegenden 3-Uhr-Seite. Schnelle Luft bedeutet niedriger Druck. Der Ball wird folglich vom Schießenden aus gesehen nach links abgelenkt. Ein zusätzlicher Effekt tritt auf durch Wirbel, die hinter dem Ball entstehen und wie ein Ruder das Ruderboot die Flugbahn des Balls in die gleiche Richtung lenken.

Der erste Wissenschaftler, der das Flugverhalten eines rotierenden Balles näher untersucht hat, war der deutsche Chemiker und Physiker Heinrich Gustav Magnus. Mit Hilfe der Bernoulli-Gleichungen lieferte er Mitte des 19. Jahrhunderts die physikalische Erklärung für das Entstehen der Bananenflanke. Und das, obwohl es damals noch nicht mal die Bundesliga gab! Obwohl die theoretische Grundlage der gekrümmten Flugbahn auf Bernoulli basiert, ging die Erklärung der Bananenflanke unter dem Begriff «Magnus-Effekt» in die Physikbücher ein.

Von all diesen theoretischen Überlegungen hatte der begnadete Manni Kaltz möglicherweise keine Ahnung. Es hätte ihn vielleicht auch nicht interessiert. Im Gegensatz zu Physikern und Ingenieuren, denn auf dem Bernoulli-Effekt basieren eine Vielzahl von technischen Geräten: Wasserstrahlpumpen, Strömungsmesser sowie Ansaugtrichter von Vergasern. Außerdem ist er schuld, dass beim Duschen der verdammte kalte Vorhang immer gegen meinen Körper klatscht. Aber auch das wird Manni Kaltz wahrscheinlich ziemlich wurscht sein. Und Horst Hrubesch erst recht.

PER MAIL

WARUM SPRÜHEN SELBSTKLEBENDE BRIEFUMSCHLÄGE FUNKEN?

Sandra L. (32) aus München

Wenn ich es bei mir zu Hause mal richtig krachen lassen will, trinke ich zwei, drei Clausthaler und besorge mir ein paar selbstklebende Briefumschläge. Dann verdunkle ich mein Zimmer und ziehe die gummierten Klebeseiten ruckartig auseinander. Wunderschöne, blaue Lichtblitze werden sichtbar. Tja, manchmal bin ich eben ein ganz schöner Aufreißer.

Bei den beobachteten Funken handelt es sich um echte Mini-Blitze: elektrische Entladungen, mit denen man sogar ganze Rundfunkübertragungen stören kann. Reißt man nämlich einen solchen Briefumschlag neben der Antenne eines Mittelwellenradios auf, verursachen die Blitze ein Knacken im Lautsprecher. Ähnlich, wie das auch während eines Gewitters passiert. Wer hätte das gedacht? Ein popeliger Briefumschlag ist sozusagen Stroboskop und Störsender in einem!

Was hier physikalisch passiert, ist eine komplexe Kettenreaktion. Zunächst einmal werden beim Auseinanderziehen der gummierten Klebestreifen positive und negative Ladungen voneinander getrennt. Eine solche elektrostatische Aufladung kennt jeder, der beim Reiben an einem Acryl-Pulli schon mal eine gewischt bekommen hat. Und damit meine ich nicht die Ohrfeige von der im Pulli steckenden Dame.

Kurzfristig ist also der eine Teil des Klebebandes negativ geladen, der andere positiv. Und das setzt die gesamte Situation ordentlich unter Spannung. Die überschüssigen Elektronen auf der negativ geladenen Klebeseite sagen sich: Ab durch die Mitte, Spannung ausgleichen! Also sausen sie von einer Klebeseite zur anderen, und auf diesem kurzen Weg passiert etwas, das fast unmöglich klingt: In dem schmalen Abstand zwischen den beiden Streifen wird die Luft für kurze Zeit ionisiert: Die beschleunigten Elektronen kollidieren mit den Luftteilchen und schlagen dabei einzelne Elektronen aus den Molekülen heraus. Zurück bleiben positiv geladene Kerne. Es entsteht also nichts Geringeres als ein sogenannter Plasmazustand, ein Gemisch aus freien Ladungsträgern. Genau derselbe Zustand, in dem sich fast die gesamte leuchtende Materie in unserem Universum befindet. Ein Plasma – neben gasförmig, flüssig und fest der VIERTE Aggregatzustand! Das, wovon schon die griechischen Philosophen immer schwärmten! Und Sie können es erzeugen. Zu Hause auf Ihrem Schreibtisch.

Das, was also zwischen Ihrem Briefumschlag funkt, ist nicht der Klebstoff, der leuchtet, sondern die ionisierte Luft. Die freien Elektronen rekombinieren mit den positiven Ionen der Luft, dabei wird das typisch bläuliche Licht abgestrahlt.

Einen ganz ähnlichen Effekt können Sie übrigens erreichen, wenn Sie mit einer Kombizange einen Zuckerwürfel zerdrücken. Auch hier werden durch das Zerstoßen der Zuckerkristalle elektrische Ladungen getrennt, die beim erneuten Zusammenkommen Funken schlagen.

Und sollten Sie in Ihrem Hobbykeller zufälligerweise eine Vakuumkammer installiert haben, können Sie zusammen mit einem weiteren Büroartikel sogar noch eindrucksvollere Strahlung erzeugen: Nehmen Sie eine Rolle Tesafilm, bauen Sie ein Vakuum auf, und rollen Sie dann das Klebeband mit einer Geschwindigkeit von mindestens drei Zentimetern pro Sekunde ab. Das jedenfalls haben Forscher der *University of California* in Los Angeles getan. Zusätzlich zu den schon bekannten blauen Lichtblitzen konnten

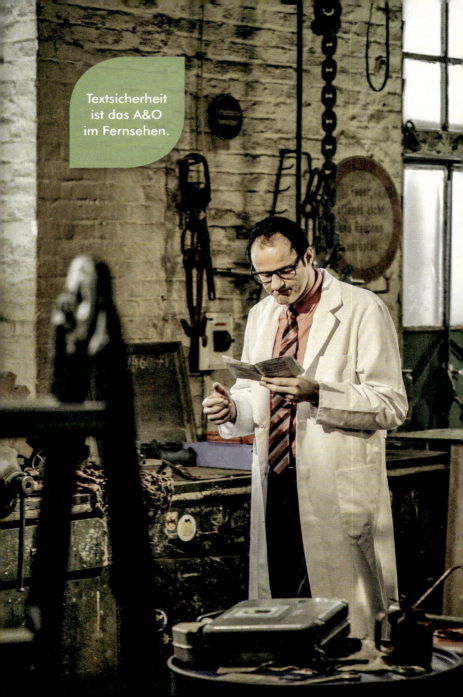

sie dabei freiwerdende Röntgenstrahlung beobachten! Dies ist anscheinend möglich, weil die freiwerdenden Elektronen aufgrund des Vakuums auf eine höhere Geschwindigkeit beschleunigen und damit hochenergetische Strahlung freisetzen können. Wenn Ihr Sohn also das nächste Mal mit Verdacht auf Knochenbruch vom Fußballspielen kommt, können Sie sich unter Umständen den Gang zum Radiologen sparen. Eine Rolle Tesafilm und ein Vakuum reichen zur Diagnose.

Ist es nicht faszinierend, mit welch banalen Mitteln man die spektakulärsten physikalischen Effekte erzeugen kann? Um zum Beispiel die aus der Science-Fiction-Serie *Star Trek* bekannten ominösen Wurmlöcher zu erzeugen, benötigen Sie keine exotische Materie mit negativer Energiedichte, wie das einige theoretische Physiker mit komplizierter Mathematik berechnet haben. Ein hölzernes Frühstücksbrettchen und ein handelsüblicher Kurbelbohrer reichen vollkommen aus.

— PER POST —

WARUM SCHWIMMEN EISBERGE?

Katja F. (24) aus Weyhe

Wasser ist die einzige chemische Verbindung auf der Erde, die in der Natur in den drei Aggregatzuständen fest, flüssig *und* gasförmig vorkommt. Manche Elemente besitzen sogar noch einen weiteren: «überflüssig». Verwandte zum Beispiel. Aber das nur am Rande.

Besonders in fester Form kann Wasser ziemlich fies sein. Das wissen wir spätestens seit dem Blockbuster «Titanic». Ein beeindruckender Film, der im Gegensatz zum Schiff in Amerika sehr gut ankam. Am 14. April 1912 rammte der Luxusliner einen 300 000 Tonnen schweren Eisberg, der den Rumpf des Schiffes seitlich aufriss und es sinken ließ.

Nur 15 Prozent eines schwimmenden Eisberges sind sichtbar. Der überwiegende Teil befindet sich unter der Wasseroberfläche. Warum nur macht ein Eisberg so etwas? Um Seefahrer zu ärgern? Oder damit sich der Mensch zweifelhafte Redewendungen ausdenken kann, wie «Das ist doch nur die Spitze des Eisbergs ...»?

Der physikalische Grund liegt in der sogenannten Anomalie des Wassers. Kühlt man chemische Verbindungen ab, so nimmt in der Regel die Dichte der Verbindung zu. Das jeweilige Material nimmt umso weniger Volumen ein, je kälter es wird. Ein Phänomen, das jeder männliche Leser bestätigen kann, der schon mal eiskalt geduscht hat.

Die Volumenverringerung ergibt Sinn, denn Temperatur ist nichts anderes als ein Maß für die Zitterbewegungen von Molekülen und Atomen. Und wenn Sie unter der kalten Dusche noch so zittern – die Moleküle Ihres Körpers tun das bei Kälte immer weniger. Je geringer die Temperatur, desto geringer ist die Bewegungsenergie der chemischen Bausteine. Die Atome und Moleküle schwingen immer langsamer und nehmen folglich immer weniger Raum ein. Die Dichte nimmt zu, das Volumen ab.

Wasser ist vollkommen anders, quasi der bunte Hund unter den chemischen Verbindungen. Kühlt man flüssiges Wasser ab, so verhält es sich volumentechnisch gesehen zunächst ganz normal: Je kälter das Wasser wird, desto weniger Volumen nimmt es ein. Alles gut. Bei 3,98 Grad Celsius hat Wasser eine Dichte von ziemlich genau 1000 Kilogramm pro Kubikmeter. Ein Liter Wasser wiegt bei dieser Temperatur genau ein Kilo. Kühlt man es nun weiter ab, bricht das Wasser die Regeln und *verringert* seine Dichte plötzlich wieder. Obwohl die Zitterbewegungen der Wassermoleküle weniger werden, benötigen sie komischerweise nicht auch weniger, sondern mehr Volumen. Und bei 0 Grad Celsius legt das Wasser noch einen drauf: Es geht vom flüssigen in den festen Zustand über. Okay, das alleine ist noch keine große Sensation. Schließlich machen das viele Stoffe irgendwann mal. Doch festes Wasser – im Volksmund auch als «Eis» bekannt – ist paradoxerweise *leichter* als flüssiges. Und zwar um etwa 15 Prozent. Sie erinnern sich: die berühmte «Spitze des Eisberges». Intuitiv würde man denken, dass es sich genau andersrum verhält. Feste Stoffe sind ja schließlich genau deswegen fest, weil ihre Moleküle in einer engen Kristallstruktur zusammengepackt sind. Deswegen sind nahezu alle chemischen Elemente in festem Zustand schwerer als in flüssigem. Bei Wasser ist das aber genau umgekehrt.

Der Grund liegt in seinem speziellen Aufbau: Zwei Wasserstoffatome bilden mit einem Sauerstoffatom das H_2O-Molekül. Der Winkel zwischen den beiden Wasserstoffatomen beträgt etwa 105 Grad. Diese spezielle Form hat zur Folge, dass die beiden Wasserstoffatome leicht positiv und das Sauerstoffatom leicht negativ geladen sind. Es bildet einen sogenannten Dipol. Dadurch entsteht ein kompliziertes Sozialgefüge. Wassermoleküle sind sich gegenseitig nämlich nicht wurscht, sondern üben permanent gegenseitige Anziehungs- und Abstoßungskräfte aufeinander aus. Sie sind bindungsfreudig, aber gleichzeitig auch unbeständig in ihrem Partnerschaftsverhalten. Das erinnert stark an die Achtundsechziger-Zeit.

Bereits in flüssigem Zustand schließen sich die Wassermoleküle über sogenannte Wasserstoffbrücken zu kleineren Grüppchen zusammen. Diese Cluster werden umso größer, je tiefer die Temperatur ist. Bei 3,98 Grad ist das Optimum an Clusterbildung erreicht, die H_2O-Moleküle könnten nicht besser gepackt sein. Sinkt die Temperatur unter 4 Grad, nimmt die Dichte wieder ab, weil sich die Cluster auf wundersame Art und Weise wieder umorganisieren. Bei 0 Grad schließlich ordnen sich die Wassermoleküle in einem festen Gitter mit großen Zwischenräumen an. Die Flüssigkeit wird fest. Dabei ist die Gitterstruktur von Eis wesentlich ineffizienter gepackt als die flüssigen Cluster. Das ist der Grund, warum Eiswürfel auf der Cola schwimmen oder Eisberge im Nordatlantik.

Obwohl die Dichte-Anomalie viele Schüler im Physikunterricht zur Verzweiflung gebracht hat (von den Passagieren der Titanic gar nicht erst zu sprechen), ist sie ein genialer Schachzug der Natur. Sie bewirkt nämlich, dass Seen oder Meere von oben nach unten zufrieren. Nicht auszudenken, es wäre umgekehrt. Schlittschuhfahren zum Beispiel wäre dann nicht möglich.

Am Grund eines tiefen Gewässers kann die Temperatur nicht niedriger sein als 4 Grad. Kälteres Wasser steigt automatisch auf und gefriert an der Oberfläche. So wird ein vollständiges Durchfrieren von unten her verhindert und auch bei strengster Kälte können Wassertiere unter der Eisschicht überleben. Ohne diesen Mechanismus gäbe es vermutlich kein Leben auf der Erde.

PER MAIL

WAS IST DAS BESONDERE AN GUMMI?

Klaus B. (57) aus Sulingen

Mit einem Gummi kann man die aufregendsten Sachen machen. Ich kann mir vorstellen, in welche Richtung Sie jetzt denken, aber das meine ich nicht. Schließlich ist das hier ein seriöses Wissenschaftsbuch und kein schlüpfriger Groschenroman.

Aus physikalischer Sicht hat Gummi eine faszinierende Eigenschaft, durch die es sich von allen anderen Materialien unterscheidet. Normalerweise dehnen sich Stoffe unter Hitzezufuhr aus und ziehen sich bei Kälte wieder zusammen. Diese Tatsache leuchtet ein, wenn man sich vergegenwärtigt, was Temperatur eigentlich ist, nämlich nichts anderes als die Bewegungsenergie von Atomen und Molekülen. Wenn man eine gespannte Metallfeder mit einem Heißluftföhn erhitzt, nehmen die Zitterbewegungen der einzelnen Metallatome zu. Sie benötigen mehr Platz, die Metallfeder wird folglich länger. Das gilt für nahezu alle gängigen elastischen Stoffe. Ein Gummiband dagegen verhält sich genau umgekehrt. Es zieht sich unter Wärme zusammen und dehnt sich bei Kälte aus. Wie kann das sein?

Das Geheimnis steckt im molekularen Aufbau. Unter dem Mikroskop sieht Gummi ein bisschen so aus wie die Nummer 17 bei Ihrem Lieblingsitaliener: ein unübersichtliches, chaotisches Knäuel aus gekochten Spaghetti. Extrem lange, flexible Polymerketten bilden ein verwickeltes, zerklumptes Netzwerk. Die fadenförmigen Riesenmoleküle, die aus mehreren hunderttausend

Untereinheiten, sogenannten Monomeren, bestehen können, bestimmen maßgeblich das Materialverhalten des Gummis.

Wenn Sie ein Gummiband dehnen, schaffen Sie Ordnung im Molekülsalat. Durch das Auseinanderziehen werden die zerknäulten Polymerketten ausgerichtet und liegen plötzlich fein säuberlich aufgereiht dicht an dicht nebeneinander. Und das geht den Polymeren tierisch auf die Nerven. Wie in jeder guten Beziehung braucht nämlich auch ein Kettenmolekül seinen Freiraum. Doch die künstlich herbeigeführte Ordnung schränkt die Bewegungsfreiheit der Polymere ein; ihnen steht nun weniger Platz zu Verfügung als zuvor.

Auch, wenn das jetzt ein herber Schlag für alle Aufräumfanatiker ist: Zu viel Ordnung ist von der Natur überhaupt nicht gewollt. Wenn ich ein physikalisches System sich selbst überlasse und keine Energie hineinstecke, strebt das System nach den Gesetzen der Thermodynamik wie von selbst einen möglichst ungeordneten Zustand an. Das gilt für ein Kinderzimmer genauso wie für einen Schreibtisch. Und für ein Gummiband gilt es erst recht. Sobald man die gestrafften und geordneten Gummipolymerketten loslässt, kehren sie in ihren chaotischen Ursprungszustand zurück. In der Physik hat man sogar einen Namen für diese maximale Unordnung: Man nennt sie den «Zustand der größten Entropie». Buchstäblich jedes System in unserem Universum strebt diesen Zustand an. Deswegen ein Tipp an alle Chaoten: Wenn sich Ihre Ehefrau mal wieder beschwert, dass Sie den Hobbykeller endlich aufräumen sollen, sagen Sie einfach: «Tut mir leid, Schatz, aber ich möchte nicht bewusst gegen das thermodynamische Gleichgewicht des Universums anarbeiten.»

Was aber hat das Konzept der Entropie mit der Einwirkung von Wärme zu tun? Na ja, wenn Sie das Gummi während der Dehnungsphase erhitzen, fangen die Kettenmoleküle an, stärker zu vibrieren. Sie benötigen demnach noch mehr Platz. Und den bekommen sie nur, wenn sie sich stärker zu einem Knäuel zusammenziehen.

Diesen Effekt können Sie übrigens auch im Großen spüren. Nehmen Sie das Ende eines Springseils, und bitten Sie Ihre Frau, das andere Ende zu nehmen. Beginnen Sie nun, das Seil in Schwingungen zu versetzen. Sie werden merken: Je schneller Sie das Seil schwingen, desto schwerer wird es Ihnen beiden fallen, die Enden auf Distanz zu halten. Genauso wie die erwärmte Polymerkette, zeigt auch das Sprungseil die Tendenz, sich zusammenzuziehen. Mit einem durchaus angenehmen Nebeneffekt: Trotz des entstehenden Chaos kommen Ihre Frau und Sie sich wieder näher. Ganz schön heiß, die Sache mit der Entropie, was?

―― PER MAIL ――

KANN MAN SICH TATSÄCHLICH NICHT SCHNELLER ALS LICHT BEWEGEN?

Margit M. (51) aus Magdeburg

Im September 2011 sorgte eine Forschergruppe im Genfer Kernforschungszentrum CERN für eine wissenschaftliche Sensation: Angeblich fand sie Hinweise darauf, dass sich bestimmte Elementarteilchen, sogenannte Neutrinos, mit Überlichtgeschwindigkeit ausbreiten. Ein klarer Verstoß gegen die Spezielle Relativitätstheorie, die besagt, dass nichts schneller sein kann als Licht. Sofort meldeten sich zahlreiche Juristen zu Wort: Könnte man rein rechtlich Neutrinos aus dem Teilchenzoo ausschließen? Wie viele Punkte kostet die Geschwindigkeitsübertretung? Und wäre es möglich, das Tempo der Neutrinos zu verringern, indem man sie durch eine Behörde lenkt?

Ein paar Monate später kam die physikalische Welt wieder in Ordnung. Die schnellen Neutrinos entpuppten sich als simpler Messfehler, verursacht durch einen Wackelkontakt in einer Steckerverbindung. Einstein hatte also gerade noch mal Glück gehabt.

Seit er 1905 seine Relativitätstheorie aufstellte, sind die Menschen fasziniert davon, sie zu widerlegen. Im Internet kursieren zahlreiche abstruse Abhandlungen, die angeblich beweisen, dass Einstein komplett falsch liegt. Meist mit dem frustrierten Hinweis, dass die etablierten Wissenschaften offensichtlich keinerlei Interesse an solch revolutionären Erkenntnissen hätten. Immerhin müssten ja sonst sämtliche Physikbücher umgeschrieben werden. Und ein First-Class-Flug nach Stockholm sei sowieso viel zu teuer.

Auch wenn ich jetzt alle Einstein-Widerleger enttäusche: Bisher hat sich in Tausenden von Experimenten die Spezielle Relativitätstheorie immer wieder als hundertprozentig richtig erwiesen. Nichts kann sich schneller bewegen als 299 792 458 Meter pro Sekunde, im Folgenden «c» genannt.

Dazu ein kleines Gedankenspiel: Stellen Sie sich vor, Sie stehen am Bahnsteig und beobachten einen Zug, der mit 100 Kilometern pro Stunde an Ihnen vorbeifährt. In diesem Zug befindet sich ein entnervter Geschäftsmann, der genau zum Zeitpunkt des Vorbeifahrens seine Kaffeetasse mit 50 Kilometern pro Stunde in Fahrtrichtung durchs Zugabteil wirft. Was schätzen Sie, mit welcher Geschwindigkeit Sie die Tasse an sich vorbeifliegen sehen? Die richtige Antwort ist natürlich 150 Kilometer pro Stunde. Herzlichen Glückwunsch! Das war die 50-Euro-Einstiegsfrage.

Nun stellen Sie sich vor, der Zug fährt abermals mit 100 Kilometern pro Stunde an Ihnen vorbei. Dieses Mal hat der Geschäftsmann im Zug jedoch keine Kaffeetasse, sondern einen Laserpointer in der Hand. Auf Höhe des Bahnsteigs startet er seine PowerPoint-Präsentation, knipst den Laserpointer an und schickt einen Lichtstrahl mit der Geschwindigkeit c in Fahrtrichtung durchs Zugabteil. Was meinen Sie, wie schnell Sie nun den Lichtstrahl an sich vorbeifliegen sehen? Wer glaubt, mit c + 100 Kilometern pro Stunde? Wer glaubt, mit c? Und wem ist es egal?

Das Verblüffende ist, dass Sie am Bahnsteig den Lichtstrahl mit exakt der *gleichen* Lichtgeschwindigkeit messen würden wie die Personen im Zugabteil. Anders als bei der Kaffeetasse summieren sich beim Licht die Geschwindigkeiten nicht. Selbst wenn der Zug mit 100 000 Kilometern pro Sekunde an Ihnen vorbeirauschen würde, betrüge die gemessene Geschwindigkeit des Laserpointerstrahls immer noch exakt c = 299 792 458 Meter pro Sekunde.

c ist das ultimative Tempolimit im Universum. Tut mir leid, liebe *Star Trek*-Fans, aber die Jungs von *Raumschiff Enterprise* haben euch ziemlich an der Nase herumgeführt. Ein Raumschiff, das in die Nähe der Lichtgeschwindigkeit kommt, würde nämlich unendlich schwer werden. Relativistische Massenzunahme nennt das der Physiker. Jedes Mal, wenn Scotty auf Warpgeschwindigkeit beschleunigt hätte, wäre die Besatzung auf der Brücke auseinandergegangen wie ein Hefekloß. Wobei Captain Kirk in den späteren Folgen ja durchaus ein wenig moppeliger war.

Ein weiteres paradoxes Phänomen, das bei hohen Geschwindigkeiten auftritt, ist die sogenannte Längenkontraktion. Ein Zug, der mit halber Lichtgeschwindigkeit an uns vorbeifahren würde, würde uns um 15 Prozent verkürzt erscheinen. Je schneller, desto kürzer. In der Psychologie ist dieses Phänomen auch als «Porschefahrersyndrom» bekannt.

Doch die vielleicht verblüffendste Konsequenz der Speziellen Relativitätstheorie ist, dass die Zeit umso langsamer vergeht, je schneller man sich bewegt. Und auch das kann man wirklich messen: Uhren in Überschallflugzeugen gehen um einen winzigen Bruchteil langsamer als auf der Erde. Immer, wenn Sie flott durch die Gegend laufen, altern Sie langsamer. Deswegen hält joggen ja auch jung. Bedauerlicherweise ist die Spezielle Relativitätstheorie aber auch der Grund für die vielen Verspätungen bei der Deutschen Bahn. Ist doch klar: In den schnellen ICEs vergeht die Zeit eben viel langsamer als auf den Bahnhöfen. Beschweren Sie sich also das nächste Mal nicht bei Ihrem Zugbegleiter, sondern bei Einstein.

MÜNDLICHE ZUSCHAUERFRAGE

WARUM WIRD ES NACHTS DUNKEL?

Sascha B. (28) aus Berlin

Schaut man in den nächtlichen Sternenhimmel, ist er pechschwarz. Selbst in klaren Nächten sieht man die Sterne nur als schwache Lichtpunkte flackern, die in bestimmten Konstellationen zueinander stehen. Dieser Anblick war für die Entstehung unserer Sternbilder verantwortlich: Die Menschen blickten nach oben und gaben den Sternenkonstellationen Namen, die sie an Dinge erinnerten, mit denen sie täglich konfrontiert waren: Schützen, Waagen oder Jungfrauen. Würde die Astrologie heute erfunden werden, würden die Sternbilder wahrscheinlich «Zündkerzenschlüssel» oder «Smartphone» heißen. «Hallo, ich bin Milchaufschäumer mit Aszendent Immobilienmakler ...»

Tatsächlich besteht unser Universum im Wesentlichen aus einem dunklen, riesengroßen «Nichts». So ähnlich wie Ostwestfalen. Es gibt dort ein paar Stellen, an denen was los ist, aber gemessen an der Ausdehnung des Ganzen, sind das Einzelfälle. Teilweise können Sie eine Milliarde Lichtjahre zurücklegen, ohne auf eine einzige Leuchte zu treffen. Ich rede jetzt übrigens nicht mehr von Ostwestfalen.

Die mittlere Dichte unseres Universums beträgt ein Proton pro Kubikmeter. Das ist unvorstellbar wenig. Alleine in einem i-Punkt tummeln sich 500 Billionen Protonen. Die Dinger sind so klein, wenn Ihnen da mal eins runterfällt – das finden Sie praktisch nie wieder!

Und der Rest von diesem Kubikmeter ist leer. Würde man die gesamte Materie des Universums in ein Sandkorn packen, dann wäre das Nichts um dieses Sandkorn herum ein Würfel mit einer Seitenlänge von 10 000 Kilometern. Und bei dieser Schätzung sind Schwarze Löcher und Dunkle Materie noch gar nicht mit berücksichtigt! So wenig Inhalt und so viel nutzlose Verpackung – das kennt man sonst eigentlich nur vom Einpackservice in *Douglas*-Parfümerien.

Folglich scheint es logisch, dass unser Nachthimmel schwarz ist. Schließlich ist es in Paderborn nach Sonnenuntergang auch stockfinster. Doch so einfach ist es nicht. Gemessen an seiner Größe ist das Weltall zwar ziemlich leer, aber die Anzahl der leuchtenden Objekte ist dennoch riesig. Allein in unserer Heimatgalaxie, der Milchstraße, tummeln sich rund 200 Milliarden Sterne. Und von diesen Galaxien gibt es im All immerhin 150 Milliarden gut sichtbare – und viele, viele schwächere mehr!

Das bedeutet: Egal, in welche Richtung ich in den Nachthimmel blicke, irgendwann trifft mein Auge zwangsläufig auf einen leuchtenden Stern. Müsste dann aber der Nachthimmel nicht eigentlich taghell sein?

Einer der ersten, der diesen Widerspruch erkannte, war der deutsche Astronom Heinrich Wilhelm Olbers im Jahre 1826. Ein ziemlich helles Köpfchen. Olbers ging von einem Universum aus, das schon immer da war. Anfang des 19. Jahrhunderts war das die einzig logische Erklärung. Das Universum musste schon immer existiert haben, da Gott, der es bekanntlich mit seinem Sohn und dem Heiligen Geist in einer Art GmbH gegründet hatte, auch schon immer existierte (mehr dazu auf Seite 277).

Heute wissen wir, dass unser Universum einen definierten Anfang hat. Vor 13,8 Milliarden Jahren – die Älteren können sich noch dran erinnern – hat es auf einmal «Rumms» gemacht, und unser Universum ist quasi aus dem Nichts entstanden. Innerhalb

Physik 39

weniger Minuten hat sich fast die gesamte Materie gebildet, und seitdem bläht sie sich auf. Immer größer, immer schneller. Manche Forscher glauben sogar, dass diese Expansion irgendwann zum Stillstand kommt und das Universum wieder komplett in sich zusammenfällt. Klingt vielleicht ein bisschen utopisch, aber wer vor einiger Zeit sein Geld bei *Lehman Brothers* investiert hat, weiß, was ich meine.

Was aber hat der Urknall mit der Frage zu tun, warum es nachts dunkel wird? Eine ganze Menge. Denn Licht benötigt Zeit, um durch das Weltall zu gelangen. Hätte unser Universum schon immer existiert, wie Heinrich Wilhelm Olbers annahm, dann wäre das Licht von jedem einzelnen Stern bereits zu uns gewandert und somit am Himmel sichtbar. Die Nacht wäre taghell. Dass sie dunkel ist, liegt daran, dass uns das Licht von den meisten Sternen, die dort draußen leuchten, noch nicht erreicht hat. Und das ist nur möglich, weil das Universum nicht unendlich alt ist, sondern einen definierten Beginn hat.

Sehen Sie, deswegen liebe ich die Physik: Eine vollkommen banale Frage führt zum Ursprung von allem. Denn ein Blick in den Sternenhimmel offenbart nicht nur die Zukunft, sondern auch die Vergangenheit. Würden uns heute Bewohner unserer Nachbar-Galaxie Andromeda mit einem Teleskop beobachten, so sähen sie die Erde, wie sie vor 2,5 Millionen Jahren war. So lange benötigt unser Licht, um zu ihnen zu gelangen. Sie würden also nicht die Einwohner von Berlin, Tokio oder New York sehen, sondern Primaten, die in kleinen verstreuten Horden leben, mit einer Handvoll Lauten kommunizieren und fremden Artgenossen argwöhnisch gegenübertreten. Was andererseits wieder an Ostwestfalen erinnert.

───── PER FAX ─────

IST EIN QUANTENSPRUNG GROSS ODER KLEIN?

Thomas S. (34) aus Bremen

Überall begegnet er einem: der ominöse «Quantensprung». Werbeprofis versuchen damit feuchtes Toilettenpapier, teflonbeschichtete Reisezwiebelschneider oder den neuen *MARCH 3 Turbo mit extrasensitiven Klingen* zu verkaufen. Auch Politiker benutzen den Begriff gerne. «Die Reform stellt einen Quantensprung in der Bildungspolitik dar», donnert es regelmäßig durch den Bundestag. Bloß nicht, denke ich mir dann immer. Denn physikalisch ist ein Quantensprung definiert als die «kleinstmögliche Zustandsänderung». Meist sogar von einem hohen auf ein niedriges Niveau.

Verwendet wurde der Begriff «Quantensprung» zum ersten Mal vor rund 100 Jahren, als der Physiker Niels Bohr sein berühmtes Bohr'sches Atommodell entwickelt hat. Das kennen Sie vielleicht noch aus der Schule: Ein Atom besteht aus einem Kern aus Protonen und Neutronen. Die Elektronen rasen wie kleine Kügelchen um den massiven Atomkern herum. Der Gag an der Sache: Das können sie nur auf ganz bestimmten, definierten Bahnen. Dort und *nur* dort dürfen sie sich aufhalten. Dazwischen ist verboten. Wechseln können sie die Bahn allerdings, zum Beispiel von 1 auf 2, von 4 auf 3, von 5 zurück auf 1 usw., usw. Elektronen «springen» also von Bahn zu Bahn. Und jeder dieser Hüpfer entspricht einem Quantensprung.

Inzwischen ist das Bohr'sche Atommodell wissenschaftlich ziemlich veraltet und beschreibt nicht wirklich die physikalischen

Vorgänge in einem Atom, aber es eignet sich nach wie vor gut für unsere Redewendungen.

Echte Quantensprünge finden ständig statt. Für Elektronen in Atomen und Molekülen gehören sie zum Tagesgeschäft. Wenn Sie in eine Disco gehen und Ihre Bitter Lemon unter Schwarzlicht halten, leuchtet die Limo plötzlich violett-blau. Das Ergebnis eines Quantensprungs! Auf der Ü30-Party ein echter Knaller. Aber ist das wirklich weltbewegend?

Trifft ultraviolettes Schwarzlicht auf die in dem Bitter Lemon enthaltenen $C_{20}H_{24}N_2O_2$-Moleküle, wird Licht mit einer Wellenlänge von 365 Nanometern absorbiert. Die Elektronen des Chinin-Moleküls nehmen diese Energie auf und springen dabei auf eine höhere Bahn. Das Molekül befindet sich nun in einem angeregten Zustand. Ähnlich wie die Partygäste, wenn der DJ «I will survive» auflegt. Plötzlich um drei Uhr gehen das Schwarzlicht aus und die Neonröhren an. Schlagartig tritt ein Zustand der Ernüchterung ein. In dem $C_{20}H_{24}N_2O_2$-Molekül passiert das Gleiche: Nach einem kurzen Augenblick der Euphorie fällt das angeregte Elektron wieder in den Grundzustand zurück. Dabei gibt es die aufgenommene Energie in Form von blauviolettem Licht wieder ab.

Dieses Prinzip der Fluoreszenz habe ich vor längerer Zeit mal einer Frau erklärt, die mich nach einer Ü30-Party auf einen Kaffee mit zu sich nach Hause genommen hat. Ich glaube, der Kaffee steht da immer noch.

Obwohl Quantensprünge winzig klein sind, haben sie in der Wissenschaft eine große Bedeutung. Insofern ist es doch nicht ganz falsch, wenn im Zusammenhang mit etwas Großartigem von einem Quantensprung die Rede ist. Da die Elektronen nur auf festgelegte Bahnen springen dürfen, können sie ihre Energie nur in bestimmten Häppchen abgeben oder aufnehmen. Die dabei abgestrahlte oder aufgenommene Energie ist also nicht kontinuierlich, sondern quantisiert, also in Mengenportionen aufgeteilt. Von lateinisch Quantum: eine bestimmte Menge. Quanten sind also Energieportionen, eine Art atomare Jetons. Und diese Energieportionen sind von Atom zu Atom, von Molekül zu Molekül verschieden. Charakteristisch wie ein Fingerabdruck.

Und weil jedes chemische Element durch seine Quantensprünge eindeutig identifizierbar ist, kann man nur mit Hilfe des abgestrahlten Lichtes die exakte chemische Zusammensetzung eines jeden Objektes bestimmen. Egal, ob es sich bei dem Objekt um einen Quasar handelt, der zehn Milliarden Lichtjahre von uns entfernt am Himmel leuchtet, oder um eine Bitterlimonade in der Disco um die Ecke.

Ehrlich gesagt verstehe ich bis heute nicht, warum das die Frau damals nicht interessierte.

––––––––––––––––– PER POST –––––––––––––––––

WARUM IST SCHNEE WEISS?

Christiane R. (27) aus Fuchstal

Okay, manchmal kann Schnee auch gelb sein. Um zu klären, warum Schnee in der Originalversion weiß ist, müssen wir zunächst die Frage beantworten, was «weiß» überhaupt bedeutet. Gehen wir dazu zurück in das Jahr 1666. In dieser Zeit entdeckte Isaak Newton, dass unser Sonnenlicht aus unterschiedlichen Farben aufgebaut ist. Alles, was man zu dieser Erkenntnis benötigt, ist ein dreieckiges, dickes Stück Glas, ein sogenanntes Prisma. Das Prisma spaltet die Farben, aus denen das Sonnenlicht besteht, in seine einzelnen Bestandteile auf. Das Gleiche passiert, wenn wir einen Regenbogen sehen: Dort übernehmen die feinen Wassertröpfchen in der Luft die Aufgabe eines Prismas. Sonnenlicht besteht nicht nur aus den sechs sichtbaren Regenbogenfarben Rot, Orange, Gelb, Grün, Blau und Violett, sondern aus unendlich vielen. Was das Prisma aufspaltet, sind genau genommen nicht die Farben, sondern die Wellenlängen des Sonnenlichtes, und die sind kontinuierlich über einen großen Bereich verteilt. Das menschliche Auge ist so konstruiert, dass es alle Wellenlängen zwischen 630 und 790 Nanometern rot wahrnimmt. Mein Auge ist sogar so konstruiert, dass es grüne Wellenlängen rot und rote als grün wahrnimmt (mehr dazu auf Seite 198).

Wenn Licht alle für uns sichtbaren Farben bzw. Wellenlängen enthält, nehmen wir es weiß wahr. Folglich erscheint uns eine Oberfläche weiß, wenn weißes Licht komplett reflektiert wird. Genau das passiert bei Schneekristallen: Trifft das Sonnenlicht auf eine Schneeoberfläche, wird es von den winzigen Kristallen in alle möglichen Richtungen gestreut und in die Regenbogenfarben aufgespalten. In der Summe erreichen von der Schneeoberfläche unzählige Lichtstrahlen in allen Farben unsere Augen. Dort mischen sie sich wieder zu einem neutralen Weiß. Tatsächlich ist Schnee einer der besten Reflektoren, die die Natur hervorgebracht hat. Schneekristalle werfen nicht nur das sichtbare Licht nahezu vollständig zurück, sondern viele unsichtbare Wellenlängenanteile wie UV- und Infrarot-Licht. Ersteres ist dafür verantwortlich, dass wir beim Skifahren häufig einen fetten Sonnenbrand bekommen. Infrarot-Licht ist dagegen nichts anderes als Wärmestrahlung. Schnee gibt einen Großteil der im Sonnenlicht enthaltenen Wärme wieder ab. Deswegen können Schneefelder im Gebirge auch an sonnigen Stellen bis in den warmen Frühsommer hinein überleben.

Wenn Sie in den Schnee pinkeln, ändert sich alles. Der 37 Grad warme Strahl lässt die Schneekristalle gnadenlos schmelzen. Außerdem erscheint uns der kümmerliche Rest gelb. Das hängt damit zusammen, dass die im Urin enthaltenen chemischen Verbindungen nur die gelben Farbanteile des Sonnenlichtes reflektieren können. Alle anderen Wellenlängen werden vom gelben Schnee geschluckt. Ein Vorteil jedoch hat der gelbliche Schneematsch: Die Gefahr eines Sonnenbrandes besteht definitiv nicht.

Etwas unromantisch könnte man sagen, dass Schnee nichts weiter ist, als schick aufgemachtes Wasser. Mikroskopisch sind Schneekristalle allerdings alles andere als langweilig, tatsächlich sind Schneeflocken sogar echte Individualisten. Keine von ihnen gleicht der anderen. Ich hab's zwar nicht im Einzelnen nachgeprüft, aber vielleicht genügt Ihnen folgende Abschätzung: Eine durchschnittliche Schneeflocke besteht aus rund 10^{18} Wassermolekülen (legen Sie mich jetzt bitte nicht auf die genaue Zahl fest). Jedes einzelne H_2O-Molekül ist exakt identisch. Egal, ob es sich im Atlantik, auf der Marsoberfläche oder in Ihrem *Wodka on the Rocks* befindet. Und doch gibt es unter den Wassermolekülen schwarze Schafe. Etwa jedes 5000. hat einen leichten Konstruktionsfehler. In ihm ist ein Wasserstoffatom durch ein Deuterium-Atom ersetzt. Keine Panik, das ist nichts Schlimmes! Deuterium ist ein Isotop. Es unterscheidet sich vom normalen Wasserstoff-Atom nur dadurch, dass es ein Neutron hat. Chemisch ändert sich dadurch wenig, aber optisch sieht das Ganze nicht mehr so schick aus. Das so gebaute Wassermolekül ist zwar noch voll arbeitsfähig, hat aber einen kleinen Buckel bekommen. Rund eines von 5000 Wassermolekülen ist also körperlich etwas degeneriert.

Ich fasse kurz zusammen: Eine Schneeflocke ist aus 10^{18} Molekülen aufgebaut, von denen insgesamt 10^{14} aus kleinen Quasimodos bestehen. Und genau dadurch ergeben sich sehr, sehr viele unterschiedliche Kombinationsmöglichkeiten. Und damit meine ich wirklich sehr, sehr, sehr viele. Die Chance, dass Sie zwei Schneeflocken in unserem gesamten Universum finden, die exakt die gleiche Molekülzusammensetzung von normalen und bucklingen Wassermolekülen enthält, ist quasi null. Und wenn zu allem Überfluss noch ein wenig gelber Farbstoff dazugemixt wird, wird es vollends unwahrscheinlich. Aber der lässt den Schnee ja sowieso schmelzen.

PER MAIL

WARUM SCHEINT DIE SONNE?

Celine W. (13) aus Erfurt

Lange Zeit hatte man nicht die geringste Ahnung, was unsere Sonne zum Leuchten bringt. Anfangs dachten die Menschen, die Sonne wäre eine brennende Kugel aus Kohle. Das würde jedoch bedeuten, dass das Brennmaterial schon nach wenigen Tausend Jahren aufgebraucht wäre. Demzufolge bestünde die Erde ebenfalls erst seit dieser Zeit. Amerikanische Kreationisten würden an dieser Stelle sagen: «Ja und, wo ist das Problem?»

Inzwischen zeigen zahlreiche Berechnungen, dass die Sonne schon über 4,5 Milliarden Jahre auf dem Buckel hat und immer noch mit sensationellen 390 000 000 000 000 000 000 000 000 Watt leuchtet! Es muss also auf ihr eine Art der Energieerzeugung geben, die vollkommen anders abläuft als alles, was wir kennen. Eine wichtige Grundlage dieser Energieerzeugung fand 1905 der damals erst 26-jährige Albert Einstein heraus, während er im Patentamt von Bern arbeitete. Seine weltberühmte Formel $E = mc^2$ besagt, dass Masse in Energie umgewandelt werden kann. Keine schlechte Erkenntnis für jemanden, der im öffentlichen Dienst tätig war, oder?

Nach dieser Gleichung besitzt ein 70 Kilogramm schwerer Mensch die potenzielle Energie von drei großen Wasserstoffbomben. Stellen Sie sich nur vor, diese Information geriete in falsche Hände! Alleine mit dem Oberschenkel von Reiner Calmund könnte man ganz NRW plattmachen.

Masse und Energie sind also äquivalent. Und offenbar bezieht die Sonne ihre Energie aus ihrer Masse. Diesen Brennvorrat nutzt sie außerordentlich effektiv. Und wenn man bedenkt, dass die Sonne unglaublich schwer ist – $1{,}98 \times 10^{30}$ Kilogramm, wenn Sie's genau wissen wollen –, dann wundert es einen fast nicht mehr, dass sie bei diesem Gewicht tatsächlich Milliarden Jahre leuchten kann.

Wollte man die Sonne mit einem normalen Verkehrsflugzeug umrunden, bräuchte man dafür rund 200 Tage. Im internationalen Vergleich ist sie allerdings ein eher kleiner Stern und würde beim Sterne-Quartett ziemlich schlecht abschneiden. Gegen den Polarstern hätte unsere Sonne zum Beispiel keine Chance. Der ist so groß, dass ein Rundflug schon 24 Jahre dauern würde! Und wollte man den größten bisher bekannten Stern *VY Canis Majoris* umrunden, bräuchte man ganze 1100 Jahre. Das nur, falls Sie sich überlegen, nächstes Jahr mal woanders als im Sauerland Urlaub zu machen.

Wie also schaffen es die Sonne und alle andere Sterne, Energie aus Masse zu erzeugen? Vereinfacht ausgedrückt, ist jeder Stern eine riesige Gaswolke, die hauptsächlich aus Wasserstoff besteht. Es ist das leichteste Atom in unserem Universum. Sein Kern besteht aus einem einzigen Proton, um das ein Elektron kreist. Helium, das zweitleichteste Atom, hat zwei Protonen und (mindestens) ein Neutron. Einen Heliumkern kann man erzeugen, indem man Wasserstoffkerne mit hoher Wucht aufeinanderprallen lässt, sodass sie miteinander verschmelzen können. Und genau das passiert in der Sonne. Ihre Gravitationskraft presst die Wasserstoffwolke so dicht zusammen, dass im Inneren der Wasserstoff zu Helium fusioniert. Jeder erzeugte Heliumkern ist um einen winzigen Bruchteil leichter als die drei Wasserstoffkerne, aus denen er entstand. Und genau diese fehlende Masse wird in Energie frei. In jeder Sekunde werden im Sonneninneren 4,3 Millionen Tonnen Masse vernichtet und in pure Energie verwandelt. Und obwohl die ganze Prozedur schon seit unfassbaren 4,5 Milliarden Jahren

> Wenn es meine Zeit erlaubt, bügle ich auch mal gerne die Hemden von Ranga Yogeshwar.

andauert, hat die Sonne bisher nur schlappe drei Promille ihrer Gesamtmasse abgenommen. Ein Phänomen, das viele Diätwillige sehr gut nachvollziehen können (mehr dazu auf Seite 73).

Ewig geht das natürlich nicht weiter. Irgendwann wird auch auf der Sonne der riesige Treibstoffvorrat zur Neige gehen. Wann das passieren wird, ist in vielen Computersimulationen ausgiebig durchgerechnet worden. In etwa vier Milliarden Jahren – kurz vor der Verabschiedung der Steuerreform – ist der Großteil des Wasserstoffs im Inneren der Sonne in Helium umgewandelt. Dadurch beginnt das Sonnenzentrum nach und nach zu kontrahieren und wird dichter und heißer. «Toll», sagen Sie jetzt vielleicht, «ich bin eh ein verfrorener Typ ...» Doch was dann passiert, ist extremer als alles, was wir bisher kennen: Der Temperaturanstieg wird auf der Erde zu einer höheren Verdunstung und zu mehr Niederschlag führen. Dadurch legt sich eine Dunstglocke über unseren Planeten, die verhindert, dass die Wärme aus der Atmosphäre entweichen kann. Es wird ein Treibhauseffekt entstehen, der alles in den Schatten stellt. Wenn das der Weltklima-Rat rauskriegt, kann sich die Sonne aber mal ganz schön warm anziehen!

Doch es kommt noch schlimmer: In 5 Milliarden Jahren haben sich die äußeren Schichten der Sonne so weit aufgeheizt, dass sich die Fusionsprozesse auf diesen Bereich verlagern. Das sogenannte Wasserstoff-Schalenbrennen setzt ein. Dadurch dehnt sich die Sonne Stück für Stück wieder aus. Währenddessen wird es im Inneren immer heißer, sodass weitere zwei Milliarden Jahre später auch noch zusätzlich das Helium zu Kohlenstoff fusioniert. Diese zweite Brennstufe führt dazu, dass sich die Sonne in einer Art Blitz noch weiter ausdehnt – bis auf das Hundertfache ihrer jetzigen Größe. Man muss kein Astrophysiker sein, um ahnen zu können, dass es spätestens dann für uns richtig problematisch wird. In dieser Phase wird selbst ein feuerfester Overall nicht mehr ausreichen. Die Sonne ist zu einem Roten Riesen angewachsen, der zweitausendmal heller leuchtet als heute und die Erde vollkommen verschlingt.

Nicht, dass Sie das in dem Moment noch interessieren würde, aber einige weitere Millionen Jahre später stößt das rote Ungetüm seine äußeren Schichten ab, die Fusionsprozesse versiegen, und es bleibt nur noch ein extrem verdichteter Kern übrig. Der kollabiert immer weiter, bis er etwa die Größe unserer jetzigen Erde hat. Ein sogenannter Weißer Zwerg, der über 100 000 Grad heiß ist und innerhalb von mehreren Milliarden Jahren abkühlt.

Und dann ist endlich Ruhe im Sonnensystem.

PER POST

WARUM BLEIBT EINE TASSE AUF DEM TISCH STEHEN?

Hannes B. (65) aus Dachau

Vielleicht sitzen Sie gerade auf Ihrer Couch und lesen dieses Buch. Möglicherweise haben Sie sich eine Tasse Tee gemacht, nehmen einen Schluck und stellen sie dann auf dem Tisch ab. Finden Sie es nicht erstaunlich, dass die Tasse auf der Platte stehen bleibt und nicht einfach hindurchfällt? Nein? Das sollten Sie aber. Denn bei genauerer Betrachtung ist das, was wir als Materie bezeichnen, nichts weiter als eine riesige Ansammlung von leerem Raum. Wenn Sie ein einzelnes Atom aus der Platte herausnehmen und auf die Größe Ihres Wohnzimmers aufblasen würden, dann wäre der Atomkern nicht einmal so groß wie ein Stecknadelkopf. Die Elektronen, die an den Rändern Ihres Zimmers umherschwirren würden, wären so winzig, dass man sie mit bloßem Auge nicht mal erkennen könnte (genau genommen noch nicht einmal mit einem Mikroskop, denn Elektronen sind punktförmige Objekte mit der Größe null). Und dazwischen ist absolut nichts. 99,9999 Prozent des wohnzimmergroßen Atoms wären komplett leer!

Der erste Wissenschaftler, der das herausfand, war Ernest Rutherford. Der neuseeländische Physiker beschoss 1911 eine extrem dünne Goldfolie mit Alphateilchen, also positiv geladenen Heliumkernen. Er beobachtete zu seiner großen Verwunderung, dass fast alle Alphateilchen unbeeindruckt durch die Folie hindurchgingen, als wäre sie quasi überhaupt nicht da. Nur ganz, ganz wenige prallten an der Folie ab. Der direkte Beweis, dass selbst

Atome aus Gold, eines der schwersten und dichtesten Materialien überhaupt, aus einem winzig kleinen, festen Kern und einem äußeren Bereich bestehen, der praktisch leer ist. Ist das nicht irre? Jede Form von Materie ist im Grunde nichts weiter als inhaltsloser Raum. Beschwert sich also das nächste Mal eine Frau bei ihrer besten Freundin mit den Worten: «Manchmal hat der Typ echt nichts im Kopf», so hat sie damit noch nicht mal unrecht.

Vielleicht fragen Sie sich jetzt: «Wenn Materie fast nur aus Vakuum besteht, wieso tut es dann trotzdem so weh, wenn ich mir das Bein an der Tischkante stoße?» Das liegt nicht an der Materie, sondern an den elektromagnetischen Abstoßungskräften der Elektronen. Ich finde, dann geht's.

Wenn Sie mit Ihrem Schienbein voll Karacho gegen Ihren Couchtisch laufen, dann bauen in Wirklichkeit die äußeren Elektronen Ihres Schienbeines mit den äußeren Elektronen der Tischkante ein elektromagnetisches Feld auf. Und dieses Feld interpretiert Ihr Gehirn als körperlichen Kontakt. Der Zusammenprall mit einer Tischkante tut weh, obwohl es physikalisch gesehen überhaupt keine feste Materie gibt. Ein beunruhigender Gedanke.

Atome sind nichts weiter als schwirrende Elementarteilchen plus Vakuum. Jede Form von Berührung ist damit eine Illusion. Wenn Sie Ihre Tasse auf dem Tisch abstellen, so schwebt sie mit winzigem Abstand über der Platte, weil die Elektronen der Tasse und die des Tisches sich jedem Kontakt widersetzen.

Nichts berührt etwas anderes. Das war für mich eine schlimme Erkenntnis. Als ich als junger Physikstudent zum ersten Mal meine damalige Freundin geküsst habe und sie mir zuflüsterte: «Das fühlt sich toll an!», blickte ich sie nur traurig an und antwortete: «Du täuschst dich. Es sind nur die elektromagnetischen Abstoßungskräfte, die du spürst.»

Nicht der direkte Kontakt zwischen den Atomen, sondern die elektrischen Wechselwirkungen der äußeren Elektronen sind für nahezu alles verantwortlich, was wir mit unseren Sinnesorganen registrieren können. Unsere Augen spiegeln uns nur deswegen einen massiven Gegenstand vor, weil die ausgesandten Lichtwellen auf die äußeren Elektronen des Gegenstandes treffen und von dort wieder in unser Auge reflektiert werden.

Nur dann, wenn etwas mit Elektronen wechselwirkt, ist es für uns real. Andernfalls haben wir keinerlei Chance, es zu sehen, zu fühlen, zu schmecken oder zu riechen. So fliegen zum Beispiel pro Sekunde Milliarden von Neutrinos durch meinen Körper, und ich spüre es nicht. Warum? «Weil du so unsensibel bist», würde meine Frau jetzt antworten. Das ist natürlich Quatsch. Neutrinos sind elektrisch neutrale Elementarteilchen, die buchstäblich alles durchdringen, weil sie nicht mit den Elektronen der Materie wechselwirken können. Hätte ein Neutrino Sinnesorgane und ein Gehirn, würde es sagen, dass unser gesamtes Universum tatsächlich vollkommen leer ist. Das wäre einerseits jammerschade – andererseits könnte sich so ein Neutrino auch nicht das Knie an diesem bescheuerten Couchtisch aufschlagen.

— PER MAIL —

WARUM IST EIS GLATT?

Carl O. (49) aus Wendeburg

Man sieht es mir vielleicht nicht an, aber privat kann ich ein richtiger Hasardeur sein. «Gefahr» ist mein zweiter Vorname. Besonders die risikoreichen Sportarten haben mich schon immer fasziniert. 1976 gewann ich mit sensationellem Vorsprung vor der Konkurrenz den Titel «Nordbayerischer Meister im Langsam-Radfahren auf der 50-Meter-Strecke». 2009 nahm ich sogar an der *ProSieben Wok-WM* teil. Als Fahrer! «Sooo gefährlich kann das ja wohl nicht sein», sagte ich mir. Ich sollte mich täuschen. Man legte mir Schutzkleidung an, setzte mich zusammen mit drei weiteren Opfern in einen Vierer-Wok und schubste uns den Eiskanal von Winterberg herunter. Es war die Hölle. Obwohl wir bei jedem Lauf alles taten, um unsere Fahrt, so gut es ging, abzubremsen, beschleunigten wir innerhalb einer knappen Minute auf über 100 Kilometer pro Stunde. Vor Angst zitternd, mit beknacktem Outfit – in einem asiatischen Küchengerät. Habe ich dafür studiert?

Dabei hätte ich es wissen können. Eis ist nun mal glatt. Und wenn ein wenig Gefälle dazukommt, tun die physikalischen Gesetze eben das, was sie schon seit dem Urknall tun: Sie wirken. Das wissen die Menschen schon seit mindestens 3000 Jahren. In dieser Zeit entstanden nämlich die ersten Schlittschuhe (Woks sind zwar noch älter, wurden jedoch damals absurderweise nur zum Kochen verwendet).

Welche Ursache hat die Rutschpartie on the rocks? Immerhin ist Eis ja ein Festkörper, und feste Stoffe sind in der Regel nicht unbedingt glatt. Andernfalls könnten wir mit Schlittschuhen ja auch auf Parkett oder (für die etwas Bescheideneren) auf Laminat rutschen. Das funktioniert nicht, weil die Oberflächenmoleküle eines Festkörpers eng miteinander verbunden und deshalb nicht in der Lage sind, wie kleine Kügelchen frei auf der Oberfläche herumzurollen. Bei Flüssigkeiten sieht das schon ganz anders aus: Ihre Moleküle sind frei beweglich. Deshalb sind Flüssigkeiten im Allgemeinen etwas rutschiger. Ein wenig Wasser auf den Badezimmerfliesen genügt, und man kann unter Umständen eine schöne Invalidenrente kassieren.

Das ist das Geheimnis von Eis. Es ist deswegen glatt, weil wir nicht auf dem festen Eis rutschen, sondern auf einem dünnen Flüssigkeitsfilm, der sich auf der Eisoberfläche bildet. Eine plausible Erklärung dafür findet man in vielen Physikbüchern: Der Druck einer Schlittschuh-Kufe auf das Eis (oder der von einem Wok) führe dazu, dass sich das Eis kurzfristig verflüssigt. Bekannterweise ist die chemische Verbindung H_2O durch eine sogenannte Dichteanomalie charakterisiert. Das bedeutet, dass H_2O bei 4 Grad, also in flüssigem Zustand, am dichtesten gepackt ist (auf Seite 30 bin ich bereits drauf eingegangen). Macht man also den Wassermolekülen im Eis Druck, so reagieren sie ganz ähnlich wie auch viele Männer, die in Beziehungen Druck bekommen: Erst machen sie sich klein, dann verflüssigen sie sich.

Die Dichteanomalie-These der Eisverflüssigung ist plausibel, elegant und – falsch. Zahllose Experimente haben gezeigt, dass zwar der Druck, den man mit einer Kufe auf das Eis ausübt, durchaus hoch genug wäre, um das Eis zu verflüssigen. Allerdings reicht die extrem kurze Kontaktzeit bei weitem nicht aus, um diesen Vorgang auch in Gang zu setzen.

Vielmehr verflüssigt sich das Eis unter einer Kufe wegen der Reibung. Dazu ein kleiner Versuch: Legen Sie Ihre Handflächen aufeinander, und reiben Sie sie, so fest und so schnell es geht, aneinander. Spüren Sie, was passiert? In Ihren Handflächen bilden sich kleine, schwarze Krümel! Aber das meine ich jetzt nicht. Ihre Hände werden warm. Genau das Gleiche geschieht beim Schlittschuhlaufen: Das Eis der Schlittschuhbahn und die Kufe des Schlittschuhs reiben aneinander, wodurch unweigerlich Wärmeenergie entsteht. Diese Reibungswärme reicht aus, um einen hauchdünnen, kontinuierlichen Streifen geschmolzenen Eises entlang der Fahrbahn zu erzeugen. Und auf diesem hauchdünnen Wasserfilm gleiten wir übers Eis. Oder mit dem Wok durch den Eiskanal.

Übrigens: Bei der Wok-WM 2009 landeten mein Team und ich abgeschlagen auf dem vorletzten Platz. Und das, obwohl ich wahrscheinlich als einziger Teilnehmer über die physikalischen Eigenschaften des Rutschens Bescheid wusste. Das Leben ist so ungerecht ...

— PER MAIL —

WARUM GIBT ES ERDBEBEN?

Kim R. (16) aus Bad Sulza

Am 6. Januar 1912 stellte ein unbekannter 31-jähriger Meteorologe auf der Jahrestagung der Geologischen Vereinigung im Frankfurter Senckenberg-Museum eine haarsträubende Theorie vor: Er behauptete, dass unsere Kontinente langsam und stetig über den Erdball driften wie Flöße. Die Zuhörer – allesamt angesehene Professoren – blickten den jungen Alfred Wegener an wie Dieter Bohlen einen Kunstfurzer vor dem ersten Recall. Oder, um es mit Heidi Klum zu sagen: «Alfred, ich habe heute leider kein Foto für dich.»

Doch die Experten irrten sich. Erst Jahrzehnte später, lange nach Wegeners Tod, erkannte die Fachwelt seine Genialität an. So ist das oft in der Wissenschaft: Jemand entwickelt eine neue Theorie, wird dafür verspottet oder drei Tage lang in einem zugigen Keller an seinen Daumen aufgehängt. Manchmal wird er sogar umgebracht. Nach einer Weile sagt man: «Hm, die Idee von dem verstorbenen Wie-hieß-der-doch-gleich? war doch gar nicht so übel. Vielleicht sollten wir sie mal ausprobieren?!» Dann klauen sie seine Idee, machen eine Menge Geld mit ihrer Umsetzung, und wenn sie ganz nett sind, benennen sie einen Seitenflügel der Bibliothek nach dem eigentlichen Urheber.

Heute ist die Theorie der Plattentektonik, eine Weiterentwicklung von Wegeners Annahmen, Schulwissen. Sie erklärt Vulkanismus, Landschaftsformen, Fossilienfunde und – Erdbeben.

Wie Wegener intuitiv vermutet hatte, schwimmen die tektonischen Platten, die grob unsere Kontinente definieren, tatsächlich auf einem heißen Erdmantel aus zähflüssiger Lava. Durch Temperaturunterschiede im Erdmantel werden Ausgleichsströmungen hervorgerufen, die zusammen mit der Erdrotation dazu führen, dass die Kontinentalplatten langsam gegeneinanderdrücken. Geologen haben errechnet, dass sich die afrikanische Platte mit einer Geschwindigkeit, mit der unsere Fingernägel wachsen, gegen die europäische Platte schiebt. Das bedeutet, dass in 50 Millionen Jahren Länder wie Polen und die Ukraine das Voralpenland bilden und die Türken zum zweiten Mal vor Wien stehen. Auch das Mittelmeer wird dann verschwunden sein. Sollten Sie also überlegen, ein Haus auf Mallorca zu kaufen – lassen Sie es! Die Einzigen, die von dem ganzen tektonischen Trubel in Europa nicht betroffen sein werden, sind die Engländer. Aber die haben mit der EU sowieso wenig am Hut.

An manchen Stellen haben die gewaltigen Kräfte, die hier im Spiel sind, jedoch keine kontinuierliche Bewegung zur Folge, da die Plattenstücke durch Reibung fest verzahnt sind. So ähnlich, als wenn Sie die Eiche-Schrankwand Ihrer Eltern verrücken wollen, weil etwas dahintergefallen ist: Wie ein Büffel versuchen Sie das scheußliche Monsterding mit vollem Arm- und Schultereinsatz zur Seite zu schieben. Vergeblich. Doch plötzlich: Rums – ruckartig setzt sich der Koloss in Bewegung, kippt um und begräbt dabei Vatis Glasvitrine mit der kompletten Zinntellersammlung unter sich.

Genauso zerstörerisch wirken Erdbeben. Pro Jahr ereignen sich über 100 000 Beben weltweit. Die allermeisten davon sind glücklicherweise so schwach, dass sie keinen Schaden anrichten und in den Schlagzeilen gar nicht erst auftauchen. Manchmal jedoch kommt es zu verheerenden Katastrophen. Das stärkste auf der Erde gemessene Beben hatte eine Magnitude von 9,5 und ereignete sich 1960 in Chile. (Damit erreichte es einen Wert, der die sonst übliche Richterskala sprengt – sie geht bis 6,5). Das Beben löste einen Tsunami aus, fast 60 000 Gebäude wurden zerstört, über zwei Millionen Menschen waren obdachlos.

Eine der größten Herausforderungen der Geophysik besteht daher in einer präzisen Prognose von großen, zerstörerischen Beben. Doch obwohl es inzwischen genügend Datenmaterial gibt, ist es noch niemandem gelungen, eine verlässliche Voraussagemethode zu entwickeln. Es klingt unglaublich, aber bis heute können Erdbeben weder in ihrem Ausmaß noch in Zeitpunkten prognostiziert werden. Es gibt keine verlässlichen Zeichen, die einem Erdbeben vorausgehen. Und es gibt auch keine typischen Zeitintervalle zwischen zwei Erdbeben einer bestimmten Größenordnung.

Das Einzige, was man weiß: Sortiert man in einem bestimmten Gebiet die aufgetretenen Beben nach ihrer Stärke, so lässt sich das sogenannte Gutenberg-Richter-Gesetz anwenden: Erdbeben, die dreißigmal mehr Energie freisetzen, kommen zehnmal so selten vor. Wissenschaftler nennen so etwas ein «Potenzgesetz». Diese Potenzgesetze treten in der Natur recht häufig auf: bei Waldbränden, Heuschreckenplagen oder Grippe-Epidemien.

Sie sehen, die Mathematik kann manchmal gnadenlos sein, denn sie zeigt uns zwar exakt auf, nach welchem Gesetz die Stärke aller Erdbeben verteilt ist, gibt uns aber gleichzeitig nur eine sehr vage Information, mit welcher Wahrscheinlichkeit das nächste große Beben auftritt.

Zum Glück sind diese verflixten Naturgesetze nicht immer und überall in Kraft. Würden zum Beispiel die Fahrtzeiten der Deutschen Bahn genauso wie Erdbeben einem Potenzgesetz gehorchen, gäbe es keine durchschnittliche Fahrzeit von Frankfurt nach Köln von 70 Minuten. Vielmehr würde eine doppelt so lange Fahrzeit viermal seltener auftreten. Ein Berufspendler könnte nicht voraussehen, ob er nach ein paar Minuten oder nach ein paar Tagen am Ziel wäre. Obwohl einige Berufspendler steif und fest behaupten, dass die Deutsche Bahn exakt so funktioniert.

―――― MÜNDLICHE ZUSCHAUERFRAGE ――――

WIE ENTSTEHT EIN ATOMPILZ?

Valentin S. (12) aus Maria Enzersdorf

Eine wirklich interessante Frage, die mir mein 12-jähriger Neffe am zweiten Weihnachtsfeiertag kurz nach dem Mittagessen gestellt hat. Was nebenbei auch eine Menge über die besinnliche Stimmung in meiner Familie während der Feiertage aussagt. Doch als guter Onkel kam ich natürlich meiner Pflicht nach und setzte an:

Nur wenige Kilogramm an spaltbarem Material reichen aus, um einem den ganzen Tag zu versauen. Jede Atombombe entfaltet ihr zerstörerisches Potenzial nach einem ganz bestimmten Schema. In der Regel besteht eine handelsübliche Atombombe aus einer Kugel aus angereichertem Uran 235 oder Plutonium 239. Beide Materialien kommen in der Natur in recht geringen Mengen vor und müssen daher unter enormem technischem und finanziellem Aufwand künstlich hergestellt werden. Die Gefahr, dass Ihr Nachbar aus Wut über Ihren neuen Carport in seinem Hobbykeller eine Kernwaffe bastelt und in Ihrem Vorgarten eine nukleare Katastrophe auslöst, ist somit eher gering.

Gezündet wird das atomare Monster mit TNT. Der Druck dieser Explosion komprimiert die radioaktive Kugel und löst dadurch eine Kettenreaktion der Uran- und Plutoniumkerne aus. Die Anzahl der Kernspaltungen steigt in Bruchteilen von Sekunden lawinenartig an, wodurch ungeheure Energiemengen freigesetzt werden. Bereits eine 50 Kilo schwere Bombe, die man bequem im Kofferraum eines Kleinwagens transportieren kann, besitzt die Sprengkraft von 20 000 Tonnen TNT. Ich erwähne das nur, falls Ihr Nachbar demnächst seinen alten Nissan rückwärts in Ihre Hofeinfahrt stellt.

Ungefähr die Hälfte der Energie einer Atomexplosion wird als Druckwelle freigesetzt, die sich kilometerweit ausbreitet und alles niederwalzt, was sich ihr in den Weg stellt. Dabei entstehen orkanartige Sturmböen mit Geschwindigkeiten von bis zu 500 Kilometern pro Stunde, die auch noch anhalten, wenn die Druckwelle das Gelände längst passiert hat.

Neben der radioaktiven Strahlung, die «nur» 15 Prozent der Wirkung ausmacht, wird rund 35 Prozent der Wirkung einer Kernwaffe in Wärmeenergie freigesetzt. Wobei das Wort «Wärme» meiner Meinung nach ein etwas zu blumiger Ausdruck für das beobachtete Szenario ist: Genauer gesagt handelt es sich um einen Feuerball mit einem Durchmesser von mehreren hundert Metern, der in seinem Inneren bis zu 20 Millionen Grad heiß werden kann.

Diese unglaublichen Temperaturen im Epizentrum führen dazu, dass dort die heiße Luft schnell nach oben steigt. Die nach oben strömende Luft saugt vom Boden Staubpartikel und kleine Steine auf, die den Stiel des charakteristischen Atompilzes bilden. Je weiter die Bereiche nach oben wandern, desto mehr kühlen sie sich ab, was den Aufstieg wieder verlangsamt. Die Rauchwolke dehnt sich in diesen Regionen seitlich aus, da von unten permanent heißes Luft-Staub-Gemisch nachgeliefert wird. Der dazugehörige Pilzkopf formt sich aus.

Diese Pilzform entsteht übrigens bei jeder Art von thermischer Explosion – egal, ob bei Schwarzpulver, Benzin, Gas oder Vulkanausbrüchen. Auch wenn er in diesen Fällen wesentlich kleiner und nicht immer so deutlich sichtbar ist. Denn Form und Größe eines solchen Pilzes hängen maßgeblich von der Explosionstemperatur und der freigewordenen Energie ab. Und da macht der Atombombe so schnell niemand etwas vor.

1961 zündeten die Russen die bisher stärkste Bombe der Testnummer 130. Die sogenannte Zar-Bombe wog 27 Tonnen, war 8 Meter lang und 2 Meter breit, hatte eine Sprengkraft von 57 Megatonnen TNT und verursachte neben zerbrochenen Fensterscheiben, verschwundenen Flussläufen und anderen landschaftsplanerischen Veränderungen einen Atompilz von 64 Kilometern Höhe. Den soll uns ein Vulkanausbruch erst mal nachmachen!

ERNÄHRUNG
KALORIEN & GRENZWERTE

PER FAX

WARUM FALLEN BROTE FAST IMMER AUF DIE BUTTERSEITE?

Lisa K. (25) aus Werne

Sicherlich ist Ihnen der Begriff «Murphys Gesetz» bekannt: Was schiefgehen kann, geht auch schief. Was eigentlich nicht schiefgehen kann, geht trotzdem schief. Und der Versuch, etwas daran zu ändern, macht es nur noch schlimmer.

Entdecker dieser ultimativen Lebensweisheit ist der amerikanische Ingenieur Edward A. Murphy. 1949 führte er zusammen mit Kollegen bei der *Air Force Base* in Kalifornien aufwendige Crashtest-Experimente durch und musste nach mehreren gescheiterten Versuchen frustriert feststellen: Wenn es mehr als eine Möglichkeit gibt, ein Experiment durchzuführen, und eine dieser Möglichkeiten endet in einem Desaster, dann findet sich immer jemand, der diesen Weg einschlägt. «Murphys Gesetz» galt ursprünglich nur für wissenschaftliche Messverfahren. Doch mehr und mehr erkannte man, dass diese Regel auch im normalen Alltag gilt: Die Stärke des Juckreizes ist proportional zur Schwierigkeit, diese Stelle zu erreichen. Der Tag, an dem du kein Make-up trägst, ist der Tag, an dem dir dein Ex-Freund über den Weg läuft. Und natürlich der absolute Klassiker: Das Brot fällt immer mit der Butterseite auf den Boden.

Doch stimmt das wirklich? Immerhin weiß man, dass uns unsere Annahmen oft genug täuschen. Wir alle haben die Tendenz, Ereignisse so zu interpretieren, dass sie sich mit unseren bestehenden Weltanschauungen decken. *Immer* ist die Ampel rot! *Ständig* gerate ich an den Falschen! *Alle* anderen haben mehr Glück im Leben als ich!

Um die Behauptung von Mr. Murphy zu überprüfen, startete der Mathematiker Robert Matthews 1995 einen schrägen Großversuch an britischen Schulen: den «Tumbling Toast Test». Er wollte herausfinden, ob es wirklich stimmt, dass ein Butterbrot immer mit der beschmierten Seite auf den Boden fällt. In einer normierten Testreihe ließ er 150 000 britische Schulkinder Tausende Butterbrote auf den Boden fallen. Und tatsächlich: Sie landen fast immer so, wie Murphy es vorausgesagt hat: total bescheuert. Und sogar statistisch signifikant! Doch es wird noch schlimmer: Gleiches gilt auch für Honig-, Marmeladen- und Leberwurstbrote. Murphys Gesetz ist anscheinend unabhängig vom Brotaufstrich. Verantwortlich für die ungünstige Landung ist nämlich nicht, wie oft angenommen, dass sich das Universum gegen uns verschworen hat, sondern pure Physik.

Legen Sie ein Brot mit einem Aufstrich Ihrer Wahl auf den Tisch, und schieben Sie es langsam über die Tischkante hinaus. Irgendwann wird die Gravitation das tun, was sie eben so tut: Das überstehende Ende kippt nach unten weg und versetzt dabei die Brotscheibe in Rotation. Es entsteht ein Drehimpuls, der von der Masse des sich drehenden Körpers und seinem Abstand zur Drehachse abhängt. Geht man von einer durchschnittlichen deutschen Standard-Butterbrotscheibe aus (Roggenmisch mit ungesalzener Halbfettbutter; Gesamtgewicht: 69,4 g; Fläche: 94,5 cm^2 nach ISO-9001-Zertifizierung), die von einem handelsüblichen IKEA-Esszimmertisch (Model *BJÖRKUDDEN*, Birke massiv, klarer Polyurethanlack, Höhe: 74 cm) nach unten rotiert, so reicht der Rotationsimpuls unter diesen Bedingungen gerade mal aus, dass sich die Scheibe 180 Grad um ihre eigene Achse drehen kann, bevor sie auf dem Boden aufschlägt. Folglich ist die Wahrscheinlichkeit sehr groß, dass sie auf der beschmierten Seite liegen bleiben wird. Lässt man dagegen Brote hochkant nach unten fallen, so liegt die Wahrscheinlichkeit, auf der beschmierten Seite zu landen, bei 50:50.

Erfreulicherweise gibt es ein paar Maßnahmen, um das Butterbrot-Dilemma zu verhindern. Erstens: Essen Sie an hohen Tischen. Beim Fallen bremst der Luftwiderstand die Rotation, gleichzeitig beschleunigt die Gravitation das Brot weiter. Bei einer Tischhöhe von über zwei Metern dreht es sich so um 360 Grad und landet auf der richtigen Seite. Zweitens: Bereiten Sie Schnittchen. Ein geringerer Brot-Radius führt zu einer schnelleren Drehung. Drittens: Legen Sie Ihr Brot von Anfang an mit der beschmierten Seite auf den Teller. So kann es schwerer vom Tisch purzeln – und wenn doch, fällt es auf die richtige Seite. Oder wie ein Kind der britischen Studie meinte: «Schmier doch die Butter einfach auf die andere Seite!»

— PER MAIL —

IST DESTILLIERTES WASSER GIFTIG?

Sabine S. (46) aus Beckum

Über Wasser gibt es ziemlich viele Mythen: Angeblich kann man es energetisieren, vitalisieren oder durch anderweitigen esoterischen Hokuspokus in eine höhere Ordnung bringen. Manche behaupten sogar, Wasser habe ein Gedächtnis. Na ja, wie man's nimmt. Wasser kann zwar Informationen speichern, aber nicht sehr lange. Forscher des *Max-Born-Instituts* in Berlin-Adlershof und der *University of Toronto* fanden heraus, dass das strukturelle Gedächtnis gekoppelter Wassermoleküle innerhalb von 50 Femtosekunden verloren geht. Das ist wirklich sehr, sehr kurz.

Heutzutage gibt es Mineralwasser aus exakt 9750 tasmanischen Regentropfen für 26 Euro pro Liter oder Wasser aus 10 000 Jahre altem, getautem Gletschereis. Und man fragt sich: Wenn es wirklich 10 000 Jahre lang durchgehalten hat, warum steht dann auf der Flasche «Haltbar bis 31. 8. 2014»?

Rein wissenschaftlich gesehen ist Wasser eine faszinierende Substanz. Es transportiert Nährstoffe innerhalb der Zellen, reguliert unsere Körpertemperatur und sorgt auf der Erde für ein mildes Klima. Wasser ist die Keimzelle für Leben. Zugegeben, die Kinobesucher von *Der weiße Hai* haben das etwas anders gesehen …

Wenn es allerdings um «destilliertes» Wasser geht, hört die Begeisterung schnell auf. «Trinkt das besser nicht!», warnte uns unser Chemielehrer. «Destilliertes Wasser ist reines Gift! Davon platzen die Zellen und man bekommt Magenbluten», wusste auch meine Oma.

Um diese These zu überprüfen, trinke ich – extra für Sie, liebe Leser – in diesem Moment ein Glas destilliertes Wasser ... ... Und? Wie Sie lesen können, schreibe ich noch weiter. Mir geht's gut. Ehrlich. Destilliertes Wasser schmeckt zwar fad, aber giftig scheint es nicht zu sein. Wie auch? Es unterscheidet sich gar nicht so sehr von üblichem Leitungswasser. Es ist lediglich *reines* H_2O. Gewonnen wird es, indem man normales Wasser verdampfen und wieder kondensieren lässt. Dadurch besitzt es weder Salze noch Kalk. Und gerade der Kalk macht einem das alltägliche Leben manchmal sogar schwer. Kölner Leitungswasser zum Beispiel ist aufgrund von Kalk so hart, dass Sie Ihre Dusche besser gegen Hagelschaden versichern sollten. Und auch eine Arschbombe vom Zehner tut in Köln doppelt so weh wie in Hamburg.

Ein Glas durchschnittliches Leitungswasser enthält etwa 200 Milligramm Kochsalz – in etwa so viel wie eine Salzstange. Ich könnte also genauso einen Schluck destilliertes Wasser nehmen und dazu einen Zentimeter Salzstange knabbern. Im Magen kommt dann so etwas wie Leitungswasser an. Das geschieht übrigens auch, wenn wir *keine* Salzstange dazu essen. Kurios, oder? Unserem eigenen Körper ist destilliertes Wasser nämlich auch zu fad. Deswegen würzt er von selbst nach und scheidet körpereigene Salze über die Mundschleimhaut aus. Das geht ganz automatisch durch Osmose, ein chemischer Prozess, der immer dann auftritt, wenn zwei Flüssigkeiten unterschiedlicher Salzkonzentration über eine durchlässige Membran miteinander verbunden sind. Die Flüssigkeiten strömen so lange durch die Membran, bis auf beiden Seiten die gleiche Konzentration herrscht. Das ist so ähnlich wie bei einem Club, in dem ein unbekannter DJ aus New York auflegt: Eine riesige Menge aufgekratzter Partypeople wartet ungeduldig vor der Location. Irgendwann macht der Türsteher – quasi die Membran – die Tore auf und lässt einen Teil hinein. So lange, bis der Club halbwegs voll und die Schlange halbwegs leer ist. Zum

Schluss stehen zwar immer noch 200 Leute draußen, die sagen: «Scheiß Schlange, ich will hier rein!» Aber drinnen stehen dafür 200 Leute, die sagen: «Scheiß Mucke, ich will hier wieder raus!»

Gefährlich kann destilliertes Wasser werden, wenn man es ausschließlich und über einen langen Zeitraum trinkt. Die *Deutsche Gesellschaft für Ernährung* gibt zu bedenken, dass es dadurch zu einer gesundheitsschädlichen Abnahme von Elektrolyten im Körper kommen kann. Und die sind für die Funktionen von Muskel- und Nervenzellen lebenswichtig.

Auch eine direkte Infusion von destilliertem Wasser in die Blutbahn ist nicht ganz unbedenklich. Das Innere der roten Blutkörperchen hat einen bestimmten Salzgehalt. Wird das Blut mit destilliertem Wasser verdünnt, entsteht ein Konzentrationsgefälle zwischen Zellinnerem und -äußerem. Da die Zellmembran für Salze nur in eine Richtung durchlässig ist, können sie nicht von innen nach außen transportiert werden. Der Konzentrationsausgleich ist nur möglich, wenn das Wasser von außen nach innen strömt. Im schlimmsten Fall, bis die Blutkörperchen platzen. Meine Oma hatte also doch recht!!!

Übrigens: Wenn Sie große Mengen Salzwasser trinken, haben Sie ebenfalls ein Problem. Denn dann sorgt der Osmoseprozess dafür, das Wasser aus den Zellen herausgezogen wird, um den hohen Salzgehalt außen auszugleichen. Die Zellen trocknen in diesem Fall also aus.

Wie man's macht, man macht's verkehrt ...

PER MAIL

WARUM SIND DIÄTEN SINNLOS?

Nesrin D. (17) aus Frankfurt am Main

Laut einer Umfrage finden sich 69 Prozent aller deutschen Frauen zu dick. Und 43 Prozent davon haben damit sogar recht. Es ist zum Verzweifeln, wir Deutschen werden tatsächlich immer fülliger. Und die USA platzen ja sowieso schon seit Jahren aus allen Nähten. Dort gibt es inzwischen Bestattungsunternehmen, die sich auf XXL-Särge spezialisiert haben. In ihnen könnte man komplette Beluga-Wale beerdigen.

Es ist paradox: Während in den Entwicklungsländern die Menschen aufgrund ihrer Armut nicht genügend Kalorien zu sich nehmen können, essen die Menschen in den Industrieländern aufgrund des reichhaltigen Nahrungsangebotes zu viel.

Den größten Teil unserer Entwicklungsgeschichte waren wir gezwungen, lange Phasen ohne genügend Nahrung durchzuhalten. Jeder Nahrungsentzug erzeugte eine Stresssituation, auf deren mögliche Wiederkehr wir uns mit allen Mitteln vorbereiten mussten.

Männliche und weibliche Organismen reagieren auf Nahrungsentzug ganz unterschiedlich. Männer schütten bei dieser Art von Stress vermehrt Adrenalin aus. Dadurch werden sie aufmerksamer, fokussierter, teilweise auch aggressiver. Eine Topvoraussetzung bei der Mammutjagd. Bei hungrigen Frauen dagegen wird vermehrt Cortisol ausgeschüttet. Und das wirkt unter anderem appetitsteigernd, damit im Falle einer Schwangerschaft das Baby auch genug Nährstoffe abbekommt.

War der Göttergatte auf der Jagd, blieb der Dame des Hauses nur die Möglichkeit, in der Höhle herumzusitzen und allenfalls ein paar Beeren und Wurzeln zu suchen. Der einzige Zeitvertreib war Warten und ab und an mal ein Scheibchen Obst essen.

Wenn dann aber das Mammut erlegt wurde und plötzlich genug Fleisch in der Höhle herumlag, folgte auf eine entbehrungsreiche Zeit des Fastens ein wildes Schlingen. Alles, was reinging, musste auch rein, ohne Rücksicht auf Cholesterinwerte und Bodymaßindex. Denn was man als Fett auf den Rippen hatte, konnte einem keiner mehr wegnehmen. Die Kernbotschaft der Steinzeit lautete: «Friss dir genügend Reserven an – die nächste Hungerperiode kommt bestimmt.» Auch heute noch ist dieses Prinzip unter der Bezeichnung «Grillsaison» bekannt.

Als Reaktion auf den Verzehr von energiereicher Nahrung wie Fleisch oder Zucker hat unser Gehirn ein körpereigenes Belohnungssystem entwickelt und schüttet das Glückshormon Dopamin aus. Wir werden sozusagen mittels Drogen auf Rahmschnitzel und Sachertorte konditioniert.

Vor diesem Hintergrund wirken die tausendfach angepriesenen Glücks-, Low-Carb-, Fatburner- oder Friss-die-Hälfte-Diäten ziemlich hilflos. Denn sie gehen im Grunde alle davon aus, dass wir unser Essverhalten einfach nur verstehen lernen müssen, damit wir es dann rational steuern können. Aber genau *das* ist in hohem Maße eine Illusion. Wenn es um so fundamentale Dinge wie die Kalorienzufuhr geht, spult unser Hirn ein evolutionäres Programm ab. Und das lautet eben nicht: «Och, ich nehm heute mal 'nen kleinen Salat ohne Dressing», sondern: «Tu ordentlich was von der Béchamelsoße auf die Nudeln.»

Die Großhirnrinde, der Sitz unseres Verstandes, wird bei dem ganzen Prozess vielleicht mal kurz beteiligt, darf aber höchstens Dinge entscheiden wie: «Nehm ich heute Ketchup oder Majo zu den Fritten?»

An der Stelle ein kurzer Blick in unser Verdauungssystem: Wir Menschen haben einen langen Dünndarm, der zuständig für die schnelle Resorption von leichtverdaulichen, gekochten Speisen ist. Der Dickdarm dagegen ist für den Aufschluss der kalorienarmen Ballaststoffe zuständig. Und der ist bei uns Menschen extrem kurz. Unser Körper ist also eher an Pommes, Knödel und Wurst angepasst als an Salatteller und Obst.

Auch wenn ich besonders meine Leserinnen mit dieser Botschaft enttäusche: Alle seriösen Untersuchungsergebnisse sprechen dafür, dass die meisten von uns auf lange Sicht kaum etwas in Hinblick auf Figur und Gewicht unternehmen können. Inzwischen sind sogar einige Wissenschaftler der Auffassung, jeder Mensch habe ein individuelles Set-Point-Gewicht, eine genetisch festgelegte Körpermasse, die willentlich nicht entscheidend verändert werden kann. Tests mit Mäusen haben ergeben: Pflanzt man ihnen Gewichte ein, hungern sie sich herunter, bis sie wieder zu ihrem ursprünglichen Normalgewicht zurückgekehrt sind. Vielleicht ist das ja sogar die Lösung: Statt 5000 Euro auszugeben, um fünf Kilogramm Bauchfett absaugen zu lassen, sollten sich die Patienten lieber einen dezenten Bleigürtel implantieren lassen. Das Abnehmen geht dann ganz von selbst.

Vielleicht müssen wir aber auch einfach damit leben, den Kalorienbomben unserer Zeit ein Stück weit ausgeliefert zu sein. Denn was wäre die Alternative? Menschenaffen zum Beispiel haben zwar keine großen Gewichtsprobleme, andererseits benötigen sie für den Erhalt ihres Idealgewichts einen Darm, der mehr wiegt als ihr Gehirn. Bei uns Menschen dagegen ist es umgekehrt. Mit dem Kochen kalorienhaltiger Speisen tauschten wir einen großen Darm gegen ein großes Gehirn. Auch wenn man sich das bei Serien wie dem «Perfekten Promidinner» nur schwer vorstellen kann.

―――― PER MAIL ――――

WIE WIRKT GLUTAMAT?

Micha H. (23) aus Oberhausen

Was waren das noch für Zeiten, in denen unsere Nahrungsmittel noch natürlich und unverfälscht waren! Wenn man, wie ich, auf dem Land aufgewachsen ist, kennt man noch echte Milch direkt vom Bauern: kuhwarm, mit einer dicken, zähen Rahmschicht obendrauf. Und alle paar Monate gab's eine Hausschlachtung. Mit Blutsuppe, sauren Kutteln und gekochtem Pansen. Das hat zwar alles fürchterlich geschmeckt, aber immerhin wusste man: Der schlechte Geschmack ist wenigstens echt. Und zwar zu 100 Prozent!

Heute dagegen kann man seinem eigenen Geschmack nur noch schwer trauen. Die Nahrungsmittelindustrie hat eine Vielzahl von Zusatzstoffen entwickelt, die mit unseren Geschmacksnerven russisches Roulette spielen. Analogkäse, Vorderformschinken, Erdbeerjoghurts – inzwischen geht es auf unserer Zunge zu wie bei einem Gucci-Stand in Bangkok: alles Imitate.

Der Marktführer im Vortäuschen von falschen Geschmackstatsachen ist das Glutamat. Die Chinesen haben aus diesem Zusatzstoff sogar ihr Nationalgericht gemacht: «M12 mit Suppe».

Tatsächlich wird Natriumglutamat exzessiv in der chinesischen Küche verwendet. Obwohl es eigentlich von Chinas kleinem Nachbarn Japan entdeckt wurde, dem Österreich der Chinesen sozusagen. 1908 gelang es dem japanischen Chemiker Kikunae Ikeda erstmals, Natriumglutamat aus Kombu-Algen zu isolieren. Heraus kam ein weißes Pulver, das die merkwürdige Eigenschaft hatte, den Geschmack von Tomaten, Fisch, Fleisch, Pilzen, Spargel, Kartoffeln, Geflügel oder Spinat zu verstärken. Schnell entwickelte es sich neben rohem Fisch, Karaoke und Harakiri zu einem der erfolgreichsten Exportschlager Nippons. Inzwischen werden weltweit 1,5 Millionen Tonnen Glutamat pro Jahr industriell hergestellt.

Natriumglutamat (für Schlaumeier hier die chemische Formel: $HOOC-CH-[NH_2]-CH_2-CH_2-COONa$) ist ein Salz der Glutaminsäure, die zu den häufigsten Aminosäuren gehört, aus denen sich wiederum die Eiweiße zusammensetzen. Wie genau das Glutamat als Geschmacksverstärker wirkt, ist auch nach über 100 Jahren noch immer nicht ganz geklärt, denn unser Geschmackssinn entsteht durch einige sehr komplizierte chemische und physiologische Reaktionen.

Man weiß, dass sich die Geschmacksmoleküle einer bestimmten Speise für einen unterschiedlich langen Zeitraum an unsere Geschmacksknospen auf der Zunge anlagern, ehe sie sich wieder lösen. Daher vermutet man, dass Glutamat quasi eine Art Klebstoff für eine bestimmte Klasse von Geschmacksmolekülen darstellt. Wahrscheinlich gibt es auf unserer Zunge sogar eine eigene Gruppe von Geschmacksrezeptoren für Glutamate. Neben den traditionellen Geschmacksrichtungen süß, salzig, sauer und bitter können wir jedenfalls noch einen fünften Geschmack unterscheiden: umami – der Geschmack von Mamis Fleischbrühe zu Hause. «Umami» ist japanisch und bedeutet: fleischig, herzhaft. Glutamat schmeckt also «umami» und ist im Kleingedruckten mit den wenig schicken Namen E620 bis E625 verzeichnet.

Das Glutamat täuscht unsere Zunge. Es gaukelt ihr vor, dass eine verwässerte Hühnersuppe mit viel Fleisch hergestellt wurde. Und nicht nur unsere Zunge lässt sich davon verwirren, auch ein Stockwerk höher kommt Irritation auf. Einige Wissenschaftler vermuten, dass Glutamat ein indirekter Dickmacher ist, da er angeblich das Sättigungshormon Leptin blockiert. Das kennen wir alle: Die Tüte Chips ist leer, aber der Hunger bleibt.

Vor einiger Zeit vermutete man sogar, dass Glutamat die Insulinausschüttung im Körper fördern würde. Nehmen wir kohlehydratreiche Nahrung zu uns, steigt der Blutzuckerspiegel an und muss mit Hilfe von Insulin, das in der Bauchspeicheldrüse produziert wird, wieder gesenkt werden. Eine permanente erhöhte Ausschüttung ist gesundheitlich problematisch, da der gesamte Stoffwechsel durcheinanderkommt und die Gefahr von Alters-Diabetes wächst. So wie es aussieht, ist das Glutamat jedoch von diesem Verdacht befreit. Damit es tatsächlich Insulin ausschütten könnte, müsste es nämlich ins Gehirn gelangen. Aber genau das wird durch die sogenannte Blut-Hirn-Schranke verhindert: Sie sorgt dafür, dass nur auserlesene Stoffe, abhängig von ihrer Größe und Fettlöslichkeit, ins Oberstübchen gelangen können. Und da sich Glutamat nur in Wasser und nicht in Fett löst, ist vor der Blut-Hirn-Schranke Ende Gelände! Eine Insulinausschüttung infolge von exzessivem Chipskonsum kann also nicht auf das Glutamat zurückgeführt werden. Genauso wenig wie die Kopfschmerzen nach dem Besuch des Chinarestaurants. Dafür könnten eher die zwei Flaschen Pflaumenwein verantwortlich sein, denn im Unterschied zu Glutamat schafft es Alkohol mühelos, die Blut-Hirn-Schranke zu überwinden.

Auch, wenn bisher nicht alle Vorgänge geklärt sind, findet eine Gesundheitsgefährdung, wie manchmal in den Medien geschrieben wird, laut *Weltgesundheitsorganisation* und der *Deutschen Gesellschaft für Ernährung* bei Glutamat jedoch nicht statt. Zumindest, wenn Sie sich das Zeug nicht gerade zentnerweise hinter die Binde kippen.

Sie können also weiterhin beruhigt bei Ihrem Asiaten um die Ecke alle 387 Gerichte zu sich nehmen. Von «Kugelfisch süß-sauer» sollten Sie allerdings nach wie vor die Finger lassen. Ob mit oder ohne Glutamat.

MÜNDLICHE ZUSCHAUERFRAGE
WAS IST EIN GRENZWERT?

Bertram T. (37) aus Freiburg

Zu viel Dioxin in Frühstückseiern, erhöhte Asbestwerte in Grundschulen, zu hohe Vakuumkonzentrationen in menschlichen Gehirnen – alle paar Wochen informieren uns die Medien, dass irgendwo wieder irgendein Grenzwert überschritten worden ist und uns alle ins Verderben stürzen wird. Doch was besagt eigentlich ein Grenzwert? Wie wird er berechnet? Und ist seine Überschreitung wirklich so gefährlich?

Klar ist: Gewisse Substanzen haben schädliche Wirkungen auf Stoffwechselvorgänge von Menschen, Tieren und Pflanzen. Deswegen versuchen Wissenschaftler herauszufinden, wie viel des schädlichen Stoffes ein Organismus höchstens aushalten kann, um Spitzenbelastungen von gesundheitsschädlichen Stoffen zu vermeiden. Was ja durchaus sinnvoll ist.

Vereinfacht dargestellt wird ein Grenzwert nach folgendem Szenario festgelegt: Man gibt einem Meerschweinchen so lange einen bestimmten Schadstoff, bis es daran verendet. Dann rechnet man die tödliche Dosis auf einen Bruchteil herunter und multipliziert diesen Wert mit einem speziellen Umrechnungsfaktor Mensch / Meerschweinchen.

Obwohl diese Art der Berechnung mit das Beste ist, was wir haben, birgt sie eine Reihe von Schwierigkeiten: So weiß man, dass die Giftigkeit von Stoffen für unterschiedliche Lebewesen recht unterschiedliche Auswirkungen haben kann. Die Menge an Dioxin, die ein Meerschweinchen über den Jordan schickt, ist für

Spaß und gute Laune mit meinem Regisseur Elmar

einen Hamster beispielsweise relativ harmlos. Von einer Kakerlake gar nicht erst zu sprechen. Die können Sie mit Dioxin vollpumpen bis in die Fühlerspitzen, das kümmert die überhaupt nicht.

Um die Bevölkerung zu schützen und kein Risiko einzugehen, nimmt man selbstverständlich als Referenztiere nicht den robusten Hamster oder gar die Kakerlake als Mess-Grundlage, sondern das sensible Meerschweinchen. Was eventuell zur Folge haben könnte, dass wir bei den daraus errechneten Grenzwerten nicht unbedingt den Menschen schützen, sondern das Meerschweinchen. Denn nach allem, was die Toxikologie weiß, scheint der Mensch zu den eher unempfindlicheren Spezies zu gehören und tendenziell näher am Hamster als am Meerschweinchen zu sein.

Ein weiterer Unsicherheitsfaktor bei der Grenzwertberechnung stellt die Frage dar, wann eine bestimmte Dosis tatsächlich gesundheitsschädlich ist. Angenommen, von 10 000 Menschen, die einen drei Meter tiefen Fluss durchqueren, würden 100 ertrinken. Wäre dann die Schlussfolgerung richtig, dass in einem drei Zentimeter tiefen Wasser immer noch ein Mensch ums Leben kommt? Natürlich ist das Quatsch. Aber mit Hilfe solcher Kalkulationen werden Grenzwerte festgelegt. Das liegt keineswegs daran, dass die zuständigen Institute und Behörden zu doof sind, ganz im Gegenteil. Man hat einfach keine andere Möglichkeit, Grenzwerte zu berechnen. Die Krux ist: Wir wissen oft nicht, bei welcher Konzentration ein bestimmter Schadstoff noch gefährlich oder bereits komplett unbedenklich ist. «Die Dosis macht das Gift», sagte schon vor rund 500 Jahren der Arzt Paracelsus. Doch genau diese Dosis ist oftmals nicht bekannt, und manchmal ist es sogar unmöglich, sie zu bestimmen. Deswegen geht man im Zweifel auf Nummer sicher und setzt die gesetzlich zulässige Dosis so weit herunter, dass man keine Gefährdung mehr nachweisen kann. Um im Bild zu bleiben: Um garantiert nicht zu ertrinken, darf der Fluss nicht tiefer sein als drei *Millimeter*!

Die Einführung von Grenzwerten ist als Orientierungshilfe notwendig und sinnvoll. Allerdings basiert deren Festlegung oftmals eher auf schlichter Mathematik als auf echten medizinischen Grundlagen. Und deshalb sollten wir Grenzwertdiskussionen mit einem gesunden Maß an Skepsis betrachten. Mitunter werden sogar Grenzwerte, wie zum Beispiel die für Cholesterin, recht willkürlich nach unten versetzt, damit man Cholesterinsenker besser verkaufen kann. Das heißt: Nicht immer, wenn ein Grenzwert überschritten ist, bedeutet das automatisch, dass auch tatsächlich eine Gesundheitsgefährdung vorliegt. Die damit verbundene Panik kann mitunter sogar mehr schaden als nützen. Das Wissenschaftsmagazin *Science* hat errechnet, dass in US-amerikanischen Schulen pro Jahr ein Schüler von 10 Millionen durch eine erhöhte Asbestbelastung ums Leben kommt. Während der daraufhin durchgeführten Asbestsanierungen mussten viele Schüler die Schule wechseln und einen längeren Schulweg auf sich nehmen. Dabei verunglückten über 300 von ihnen tödlich.

Um es noch einmal zu betonen: Grenzwerte sind ein wichtiges Instrument. Und zwar in den Händen von Wissenschaftlern, die einschätzen können, was die jeweiligen Grenzwerte wirklich aussagen. In den Händen von Politikern und Journalisten werden sie leider oftmals in zu hohen Dosen verwendet.

— PER POST —

SCHADEN MIKROWELLEN DEN VITAMINEN?

Thorsten M. (44) aus Marne

Vor knapp 100 Jahren zog die Elektrizität in die Küche ein. *General Electric* und *Westinghouse* brachten 1909 den ersten elektrischen Toaster auf den Markt. Kurz danach folgten Elektroherde, Kühlschränke und Öfen. Inzwischen stapeln sich in einer modernen Küche mehr High-Tech-Geräte als auf der Internationalen Raumstation ISS.

Das umstrittenste Küchengerät ist die Mikrowelle. Im Internet geistern zahlreiche Horrorgeschichten über ihre schädlichen Strahlen. So sollen die kleinen, fiesen Wellen besonders den Vitaminen in der Nahrung zusetzen und sie zerstören. Dazu ein kleines Experiment, das Sie zu Hause bequem durchführen können: Besorgen Sie sich in der Apotheke Ascorbinsäure, also reines Vitamin C, und stellen Sie ein Schälchen mit dem weißen Pulver in die Mikrowelle. Dann auf höchste Stufe gestellt – und los geht's! Sie werden sehen: Egal, wie lange und intensiv Sie die Ascorbinsäure bestrahlen, Mikrowellen lassen die Vitamine total kalt. Tatsächlich wird das Pulver noch nicht einmal warm, geschweige denn heiß.

Damit Mikrowellen ihre Arbeit tun können, benötigen sie Wasser. Die H_2O-Moleküle verhalten sich wie winzige elektrisch geladene Dipole. Sie neigen dazu, sich nach einem elektrischen Feld auszurichten, genau wie die Magnetnadel im Kompass sich am Magnetfeld ausrichtet. Normalerweise haben die Mikrowellen in Ihrem Herd eine Frequenz von 2,45 Gigahertz. Das heißt, sie erzeugen ein elektrisches Wechselfeld, das in der Sekunde 2,45 Milliarden Mal hin- und herschwingt. Und bei diesem hektischen Gezappel wollen die Wassermoleküle mithalten. Ganz ähnlich wie die Besucher einer Techno-Disco. Man zuckt frenetisch im Rhythmus, stößt mit anderen zusammen und erregt sich gegenseitig, bis Hitze im Raum steht.

Ist das schädlich? Solange Sie nichts einwerfen, nicht. Aber darum soll es an dieser Stelle nicht gehen. Die Frage ist ja, ob die Mikrowellen den wertvollen Vitaminen schaden können. Na ja, ein bisschen schon. Das liegt jedoch nicht daran, weil die Mikrowellen an sich schädlich sind, sondern weil jede Form des Garens, also jede Sekunde der Hitzeeinwirkung – egal auf welche Art und Weise sie erzeugt wird – den hitzeempfindlichen Vitaminen schadet. Je länger die Vitamine der Hitze ausgesetzt sind, desto schlechter. Und hier hat unsere Mikrowelle sogar echte Vorteile: Da sie die Speisen im Vergleich zu Kochtopf oder Dampfgarer viel schneller erwärmt, gilt das Garen in der Mikrowelle als besonders vitaminschonend.

Und auch sonst kann Ihren Speisen nichts Schlimmes passieren. Im Vergleich zu anderen Strahlen sind Mikrowellen nämlich rein energetisch auf der guten Seite der Macht. Ihr Energiegehalt beträgt 10^{-24} Joule. Das ist hunderttausend Mal energieärmer als UV-Strahlung. Dadurch sind Mikrowellen zwar in der Lage, Wasser in Techno-Stimmung zu versetzen, ihr Energiegehalt reicht jedoch bei weitem nicht aus, um Atome und Molekülstrukturen in unserer Nahrung chemisch zu verändern oder gar zu zerstören. Das können nur die wesentlich energiereicheren Röntgen- oder Gammastrahlen. Also: Keine Angst beim Umgang mit der Mikrowelle. Diese Art der Strahlung ist definitiv nicht in der Lage, Krankheiten wie Krebs auszulösen. Trotzdem ist es natürlich keine gute Idee von Ihrem 8-jährigen Sohn, seinen geliebten Hamster zum Trocknen in einen Mikrowellenherd zu stecken. Auch, wenn das arme Tier danach garantiert keinen Krebs mehr bekommt.

MÜNDLICHE ZUSCHAUERFRAGE
SIND OBST UND GEMÜSE GIFTIG?

Doris S. (56) aus Mühlhausen

Wenn heutzutage von gefährlichen Stoffen die Rede ist, geht es meist um Chemie-Unglücke oder Pestizid-Skandale. Im Gegenzug gilt das, was die Natur hervorbringt, als gesund und lecker. Pustekuchen. In Wirklichkeit sind die fiesesten Gifte 100 Prozent bio: Nüsse enthalten Aflatoxine, die zu den stärksten Krebserregern gehören, die wir kennen, in Zwiebeln finden sich Furan-Derivate, die in höheren Dosen Leberschäden verursachen. Champignons beinhalten krebserregende Hydrazine, Broccoli Goitrin und Glucosinolate, die die Schilddrüse schädigen. Doch die Himbeere toppt alles: Mit ihren verschiedenen Aldehyden und Ketonen, diversen Säuren, Kohlenwasserstoffen und dem leberschädigenden Cumarin ist sie praktisch das Tschernobyl unter den Nahrungsmitteln.

Würde ein großer Lebensmittelkonzern eine künstliche Himbeere herstellen, die dieselbe Zusammensetzung enthielte wie eine natürliche, würden sich vermutlich die Mitglieder von *Foodwatch* demonstrativ bei *REWE* an die Obst-Theke ketten.

Dagegen sind ironischerweise künstliche Pestizid-Rückstände in Obst und Gemüse vergleichsweise harmlos. Nach einer Studie des Biochemikers Bruce N. Ames sind, in Gewicht gemessen, nur 0,01 Prozent aller gesundheitsgefährdenden Stoffe chemischen Ursprungs, also durch Menschenhand hinzugefügt. Es ist unglaublich, aber 99,99 Prozent aller Giftstoffe produziert die Pflanze ganz von selbst! Warum aber tut sie das? Welches Interesse hat eine Kartoffel, uns das Leben mit Alkaloiden, Arsen und anderen gruseligen Zusatzstoffen schwerzumachen?

Nun, eine Kartoffel ist ja auch nur ein Mensch. Zumindest von ihren Grundbedürfnissen her: Sie will ihre Gene weitergeben und keinen Stress haben. Eine Couch-Potato eben. Dieses faule Leben kann sie aber nur führen, wenn sie nicht gefressen wird. Auch wenn es viele anders sehen, eine Kartoffel ist nicht zwingend auf der Welt, um uns in Form von Chips, Gratins oder Pommes satt zu machen.

Damit sie sich vor Feinden schützen kann, hat die Natur eine Vielzahl von Strategien entwickelt: Kaninchen und Gazellen schlagen Haken, Maulwürfe und Mäuse suchen Schutz in unterirdischen Gängen. Opossums und Beamte stellen sich bei Gefahr sogar tot. Natur bedeutet knallharter Kampf ums Überleben. Das finden wir bei einem Kätzchen, das gerade eine Maus um die Ecke bringt, süß, bei einem Kolibakterium, das sich in unserem Darm zu schaffen macht, eklig. Das arme Ding steht in Sachen Kuschelfaktor ganz weit hinten auf der Putzigkeitsliste. Aber unter dem Mikroskop hat das auch Haare. Möglicherweise hat so ein Kolibakterium sogar Gefühle. Wer weiß?

Bei Pflanzen dagegen sind die Verteidigungsmöglichkeiten wesentlich eingeschränkter. Von einem Kohlkopf, der sich tot stellt, lässt sich ein hungriges Karnickel nicht groß beeindrucken. Was also tun Pflanzen, um dem Sensenmann von der Schippe zu springen? Entweder sie tarnen sich wie bestimmte Pflanzen als Steine, schmecken scharf wie Chili oder sind einfach – giftig! So was spricht sich nämlich bei Käfern, Maden und Pilzen ganz schnell rum.

Auch wir Menschen wissen natürlich davon. Wenn man beispielsweise die falsche Stelle der Kartoffel isst, kann man mindestens Bauchweh bekommen und sich im schlimmsten Fall sogar neben das Opossum legen. Dennoch verzehrt jeder von uns – gesundheitlich vollkommen unbedenklich – 60 Kilogramm Kartoffeln im Jahr. Denn wir wissen ganz genau, wo die Kartoffel ihr Gift lagert. Dort, wo es ihr wichtig ist: an den Fortpflanzungsorganen. Sie wissen schon, das war die Sache mit den Blüten und Bienen.

Die Blüten und Beeren einer Kartoffel enthalten diverse Glykoalkaloide in hohen Dosen. Das Bekannteste ist das Solanin. Ein Nervengift, das zu Übelkeit führen kann, wenn nicht Schlimmeres. Die Knolle, in der die Stärke und die anderen leckeren Nährstoffe lagern, ist dagegen ungiftig. Dort rüstet die Pflanze erst dann mit Gift auf, wenn sie beschädigt oder gestresst wird.

Aber was stresst eine Kartoffel? Zu viel UV-Licht beispielsweise, dann schlägt die Kartoffelzelle Alarm und rüstet auf mit Solanin. Erkennbar an den grünen Stellen, «Augen» genannt. Dort bildet die Knolle nämlich nicht nur ihr Gift, sondern parallel dazu auch das grüne Chlorophyll. Für uns Menschen ist das ziemlich praktisch. Wir schneiden einfach die Augen raus, und essen die Knolle ohne Gefahr. Dumm gelaufen für die Kartoffel. Man sollte die Intelligenz seiner Fressfeinde eben nie unterschätzen.

--- PER MAIL ---

WAS STECKT IM HIMALAYA-SALZ?

Bernhard K. (66) aus Bochum

Vor einigen Jahren führten Wissenschaftler des *Massachusetts Institute of Technology* (MIT) eine bemerkenswerte Studie mit einem Schmerzmittel durch. Sie fanden heraus, dass es besser wirkte, wenn die Probanden annahmen, es sei besonders teuer. Womöglich ist das auch der Grund, weshalb die Pharmaindustrie so hohe Preise verlangt: nicht aus Geldgier, nein – rein aus therapeutischen Zwecken!

Für Weinliebhaber gilt übrigens das Gleiche: Sagt man ihnen, sie tränken gerade einen besonders edlen Tropfen, loben sie die «vegetabile Fruchtnote, das feine Aromaspiel und den leicht blumigen Abgang» – und zwar unabhängig davon, wie viel der Wein tatsächlich gekostet hat. Was teuer ist, muss auch gut sein. Genau dieser Trugschluss steckt vermutlich hinter dem Geheimnis von Himalaya-Salz. Liebhaber zahlen für die rosa getönten Brocken bis zu zwanzigmal mehr als für normales Speisesalz. Teilweise bis zu 30 Euro pro Kilogramm! Ganz schön gesalzen.

Trotzdem sagen sich viele Verbraucher: «Dieses industriell gefertigte Billigsalz kommt mir nicht mehr auf den Tisch. Himalaya-Salz kostet vielleicht ein bisschen mehr, aber dafür ist es auch besonders gesund.»

Was aber sagt die Wissenschaft? Sie müssen jetzt ganz tapfer sein: Im Himalaya-Salz steckt weder Yeti-Spucke noch haben es erleuchtete tibetanische Mönche geweiht, auf dass sich alles in Ihrem Leben zum Besseren wende.

Vielmehr unterscheidet es sich in seiner chemischen Zusammensetzung nicht grundsätzlich von anderen natürlichen Steinsalzen. Das hat das ZDF-Magazin WISO 2006 von der Technischen Universität Clausthal untersuchen lassen. Einziger Unterschied zu normalen Salzen: Das Himalaya-Salz enthält etwas mehr Verunreinigungen und Spuren von Eisenoxid, was seine rosa Farbe erklärt. Dafür fehlen ihm wichtige Spurenelemente wie Jod, Fluor und Folsäure – die werden nämlich nur beim billigen Speisesalz nachträglich hinzugefügt.

Im Himalaya-Salz stecken allerdings jede Menge Transportkosten. Dabei stammt es nicht einmal aus dem Himalaya-Gebirge, sondern aus einer Salzlagerstätte in Pakistan. Die liegt ca. 200 Kilometer weit weg. Und da der Begriff «Himalaya-Salz» nicht geschützt ist, kommt ein Teil der roten Brocken sogar aus einer Salzlagerstätte in Polen. Und von dort ist der Himalaya selbst mit Fernglas und bei optimalen Sichtverhältnissen nicht mal ansatzweise zu sehen.

Das ist allerdings auch egal, denn die Herkunft von Salz ist genauso wenig von Bedeutung wie sein Alter. In ausnahmslos allen Salzstöcken dieser Erde entstand vor einigen Jahrmillionen durch die Verdunstung von Meerwasser die Verbindung Natriumchlorid, sprich: Kochsalz. Mit der Kontinentalverschiebung wurde das eingetrocknete Salz dann von anderem Gestein überdeckt. Das Kochsalz der Salinen ist also nichts weiter als prähistorisches Meersalz. Und dem ist es total egal, ob es am Fuße des Himalaya-Gebirges oder im Harz gewonnen wird.

Der Physiker Werner Gruber weist in seinem Buch «Die Genussformel» darauf hin, dass der leicht unterschiedliche Geschmack von verschiedenen Salzen hauptsächlich vom Mahlgrad abhängt: «Je feiner das Salz gemahlen ist, umso mehr Moleküle können sich auf der Zunge gleichzeitig lösen, und umso aggressiver erscheint uns das Salz.»

Warum aber sind dennoch so viele Menschen begeistert von dem kostspieligen Würzmittel? Der Grund für den Absatz von Himalaya-Salz liegt weniger in der chemischen Zusammensetzung als in den magischen Geschichten, die sich um das Salz ranken: Angeblich gilt es als «Allheilmittel für Zivilisationskrankheiten», enthält «energetische Schwingungen» und hat «Ur-Informationen» gespeichert. Marketingspezialisten nennen diese Verkaufsstrategie «Story-Telling»: Man lädt ein Produkt mit einer emotionalen Komponente auf, in der Hoffnung, einen Wow-Effekt beim Konsumenten zu erzeugen. Je absurder die Geschichte, desto lukrativer. Oder wie mein Kollege Eckart von Hirschhausen sagt: «Warum haben sich ‹Die Fünf Tibeter› so viel besser verkauft als das Heft ‹Rückengymnastik› der örtlichen Krankenkasse, obwohl die Übungen dieselben sind? Weil die Story über einen 150-Jährigen, der jeden Morgen turnt, einfach mehr anturnt.»

Genauso ist es mit den rosa Brocken aus dem Himalaya. Die haben einfach mehr Pep. Selbst dann, wenn sie aus Polen kommen.

―― PER MAIL ――

WARUM WIRD IM HOCHGEBIRGE DAS TEEWASSER NICHT HEISS GENUG?

Anne W. (31) aus Meschede

Man sieht's mir vielleicht nicht an, aber ich bin ein echter Naturbursche. Was auch kein Wunder ist, denn groß geworden bin ich im bayerischen Odenwald. Meine Heimatstadt Amorbach liegt beeindruckende 165 Meter über dem Meeresspiegel. Und wenn man ins benachbarte Boxbrunn aufsteigt, wird es mit 506 Meter ü. NN schon fast hochalpin.

Natürlich kocht der Boxbrunner dort oben auch nur mit Wasser. Allerdings mit etwas kälterem. Der Siedepunkt von Wasser hängt nämlich direkt davon ab, in welcher Höhe man es erhitzt.

Temperatur ist im Grunde ja nichts anderes als ein Maß für die Molekülbewegung. Je mehr Energie dem Wasser in Form von Hitze zugeführt wird, umso heftiger bewegen sich die Moleküle. Irgendwann haben die Teilchen so viel Speed, dass sie ihre gegenseitigen Anziehungskräfte überwinden können und aus dem flüssigen Verbund als Wasserdampf ausbrechen. Der Punkt, an dem das Wasser zu sieden beginnt, hängt also einerseits von der Temperatur ab, andererseits vom Luftdruck, der auf der Wasseroberfläche lastet. Je höher der Druck, desto schwerer wird es für die Wassermoleküle, auszubrechen. Also genau umgekehrt wie in vielen Beziehungen: Je mehr Druck der eine macht, desto schneller verduftet der andere.

Je höher man ins Gebirge steigt, umso dünner wird die Luft.

Zugegeben, in Boxbrunn wirkt sich das noch nicht sooo stark aus. Doch schon auf der Zugspitze ist der Luftdruck so gering, dass Wasser nicht bei 100 Grad, sondern schon bei 90 Grad siedet. Und je höher man kommt, umso schlimmer wird's: Der Siedepunkt von Wasser nimmt ungefähr pro 300 Meter gewonnene Höhe um etwa ein Grad Celsius ab. Auf dem Mount Everest ist der Luftdruck gerade mal ein Drittel so hoch wie auf Sylt. Während auf Meereshöhe zehn Tonnen Luft auf jedem Quadratmeter lasten, sind es auf dem Mount Everest gerade mal drei. Dort siedet Wasser schon bei schlappen 70 Grad. Und wärmer wird's nicht. Denn wenn Wasser einmal blubbert, dann blubbert es. Egal, wie heiß Sie die Herdplatte auch machen, während des Siedevorgangs bleibt die Temperatur des Wassers gnadenlos konstant, da sämtliche zugeführte Energie von den Molekülen genutzt wird, um als Wasserdampf auszubrechen.

Daher wäre eine Frühstückspension auf dem Everest-Gipfel auch kein wirklicher Renner. Ein Fünf-Minuten-Ei würde zwanzig Minuten brauchen, und der Tee wäre nicht nur kühl, sondern auch der Gipfel der Geschmacklosigkeit. Teeblätter entfalten nämlich erst bei rund 80 Grad ihr volles Aroma.

Andererseits werden Sie auf dem Mount Everest vermutlich andere Probleme haben, als mit Ihrem Sherpa über die Härte des Frühstückseis oder die korrekte Zubereitungsart Ihres Earl Greys zu diskutieren.

Wenn Sie jedoch auch in der Steilwand nicht auf perfekten Teegenuss verzichten möchten, bleibt Ihnen wohl oder übel nur die Mitnahme eines Schnellkochtopfes. Der funktioniert in jeder Höhe. Durch den luftdichten Verschluss steigt beim Erwärmen des Wassers der Luftdruck im Topf an und die Gasblasen werden daran gehindert, aus dem Wasser zu entweichen. Der Dampfdrucktopf verschiebt also den Siedepunkt in höhere Temperaturbereiche. Je nach Gerät sogar bis auf 120 Grad!

Ich verstehe durchaus, wenn Sie keine Lust haben, eine komplette Kücheneinrichtung auf 8000 Meter Höhe zu schleppen. Zum Glück gibt es noch eine weitere Möglichkeit: Kochen Sie einfach mit Salzwasser. Durch die Vermischung von Wasser und Natriumchlorid entstehen zusätzliche Anziehungskräfte zwischen den Salz- und den Wassermolekülen. Man benötigt bei gleichem Luftdruck mehr Energie, um das Wasser-Salz-Gemisch vom flüssigen in den gasförmigen Zustand zu überführen. Schon 60 Gramm Kochsalz in 250 Milliliter Wasser erhöht die Siedetemperatur um sensationelle vier Grad! Was das geschmacklich für Ihren Earl Grey bedeutet, steht natürlich auf einem anderen Blatt. Aber man kann eben nicht alles haben im Leben.

Und wenn Sie jetzt meckern, sollten Sie bedenken, dass es kochtechnisch im Himalaya noch paradiesisch zugeht im Vergleich zu anderen Orten in unserem Sonnensystem. Auf dem Mars beispielsweise fängt flüssiges Wasser sofort an zu brodeln. Wenn es nicht zuvor zu Eis wird. Denn dort herrscht überhaupt kein Druck und dadurch gefriert das Wasser im gleichen Moment, in dem es kocht. Von einem Tässchen Tee, egal, ob gesalzen oder ungesalzen, kann der Marsianer daher nur träumen.

PER POST

WIE HAT MAN FRÜHER OHNE GEFRIERSCHRANK EIS HERGESTELLT?

Julian K. (14) aus Münster

Über kleine Chefs gibt es ja genug Klischees. Angeblich fahren sie etwas zu große Autos, sind etwas zu ehrgeizig und quälen ihre Mitarbeiter mit etwas zu langen PowerPoint-Präsentationen. Die Psychologie spricht vom Napoleon-Komplex. Und auch, wenn der Beamer damals noch gar nicht erfunden war, sind von dem kleinen französischen Kaiser recht ähnliche Verhaltensweisen überliefert. So tyrannisierte er während des Ägypten-Feldzuges seine Soldaten nach Feierabend mit einem bizarren Wunsch: Er wollte Sahneeis! Ist das zu fassen? Wie soll man Eis mitten in der ägyptischen Wüste herstellen? Dafür sind immerhin Temperaturen unter −20 Grad nötig. Eine anspruchsvolle Aufgabe. Insbesondere, da es vor 200 Jahren weder Kühlschränke noch Eismaschinen gab. Wie haben sich die Soldaten also geholfen?

Schon die alten Ägypter kannten den Trick, Wasser in einem porösen Tongefäß zu kühlen. Durch die poröse Gefäßwand entwich ständig etwas Wasser, das an der Oberfläche des Gefäßes verdunstete und so das Wasser innen kühlte. Der Physiker spricht vom Prinzip der adiabatischen Kühlung.

Mikroskopisch betrachtet ist dieser Effekt einfach zu verstehen: Bei jeder bestimmten Wassertemperatur existiert eine ganz charakteristische Geschwindigkeitsverteilung der H_2O-Moleküle, die sogenannte Maxwellverteilung. Es gibt einige langsame, viele mittelschnelle und ein paar wenige Moleküle mit richtig viel Speed. In der Verteilungskurve bilden letztere den Maxwellschwanz. Und genau diese energiereichen, schnellen Moleküle treten durch die Verdunstung aus dem Maxwellschwanz aus. Die mittlere Geschwindigkeit des Molekülgemisches verringert sich, was einer Temperaturabnahme entspricht. Das müssen Sie sich jetzt nicht im Detail merken. Vielleicht nur so viel: Die Schwanzgesteuerten sind immer am schnellsten weg.

So genial diese Methode ist, aber kühler als +10 Grad wird die Flüssigkeit damit nicht. Was also tun? Die Soldaten taten genau das, was Soldaten halt so machen: Sie fummelten mit ihrem Schießpulver herum. Und das war ausnahmsweise einmal vernünftig.

Schießpulver enthält nämlich unter anderem Nitrat, also ein Salz. Und Salzkristalle lösen sich in Wasser, allerdings nur, wenn sie irgendwoher Energie bekommen. Zum Beispiel in Form von Wärme aus der unmittelbaren Umgebung, dem Wasser.

Das können Sie zu Hause ganz einfach nachprüfen: Stellen Sie einen Becher Sahne in einen Topf mit kaltem Wasser und geben Sie dann dem Wasser Schießpulver dazu. (Zur Not tut es auch Natriumnitrat oder Kochsalz.) Während sich das Salz löst, kühlt sich die Sahne auf bis zu −5 Grad ab! Eine Methode, die schon die Römer kannten. Sie benutzten Salze, die an Kellerwänden auskristallisierten. Dieser Salpeter bestand aus Ammoniumnitrat, das durch die bakterielle Zersetzung von Gülle entstand, die aus den außen gelegenen Misthaufen durch die Kellerwand drang. Nicht besonders lecker, aber effektiv.

−5 Grad sind schon recht beeindruckend. Aber für echtes Sahneeis, das Herr Bonaparte von seinen Untertanen forderte, reicht es immer noch nicht.

Sahne wird erst unterhalb von −20 Grad fest. Es ist unglaublich, aber auch das können die Salzkristalle schaffen. Allerdings nur mit Unterstützung von gefrorenem Wasser. Woher die Soldaten *das* hatten, lässt sich leider nicht mehr so recht nachverfolgen. Vermutlich stellten sie mit der obigen Salzmethode zuallererst Eiswürfel her und kühlten erst danach ihre Sahne auf −5 Grad. Bei dem ganzen Aufwand ist es eigentlich ein Wunder, dass die Jungs überhaupt noch zum Kämpfen kamen.

Eis benötigt zum Schmelzen ebenfalls Energie und entzieht daher der Umgebung Wärme. Das ist der eigentliche Grund, weshalb man Eiswürfel in die Cola gibt. Die Cola kühlt sich nicht etwa deswegen ab, weil die Eiswürfel kalt sind, sondern weil das Schmelzen so viel Energie benötigt.

Genau dasselbe passierte in dem Eis-Salzwasser-Gemisch von unseren französischen Hobby-Köchen. Dabei spielen zwei Mechanismen auf geniale Art und Weise zusammen: Das Lösen des Salzes entzieht der Sahne Wärme. Gleichzeitig setzt die salzhaltige Lösung die Schmelztemperatur herab. Die Eiswürfel schmelzen dadurch also nicht bei null Grad, sondern bei Temperaturen deutlich *unter* null Grad. Dadurch können Sie der Sahne wesentlich mehr Energie entziehen. Und zwar so viel, dass sie auf bis zu −20 Grad heruntergekühlt wird. Die perfekte Temperatur für Sahneeis! Alles in allem jedoch eine Heidenarbeit.

Bleibt noch zu bemerken, dass der Ägyptenfeldzug militärisch gesehen ziemlich in die Hose ging. Ob's am Sahneeis lag, sei dahingestellt. Auf jeden Fall hatte Napoleon schon nach einem Jahr die Faxen dicke, ließ seine eigenen Truppen im Stich und reiste unter fadenscheinigen Begründungen nach Frankreich zurück. Unbestätigten Meldungen zufolge wurde der große Feldherr kurz darauf in einer Pariser Eisdiele gesehen.

PER MAIL

SOLLTEN SOFT DRINKS VERSCHREIBUNGSPFLICHTIG SEIN?

Saskia H. (24) aus Satow

Viele Erfindungen basieren auf Zufällen. Der Mediziner Alexander Fleming experimentierte 1928 mit Staphylokokken. Dabei ließ er eine mit Pilzsporen verunreinigte Bakterienkultur aus Versehen ein paar Tage stehen. Der Schimmel, der sich dabei bildete, war die Grundlage für das Penizillin. Der Traum vieler Medizinstudenten: Einfach das Labor verlottern lassen, und dafür einen Nobelpreis bekommen!

Viagra wurde übrigens entdeckt, weil die männlichen Versuchspersonen ein Herzmedikament in der Testphase partout nicht mehr absetzen wollten. Ich liebe angewandte Wissenschaft!

Als der Apotheker John S. Pemperton vor 125 Jahren ein neues Erfrischungsgetränk entwickeln wollte, mischte er koffeinhaltige Kolanüsse mit den Blättern von *Erythroxylum coca*, dem Cocastrauch – die inzwischen weltberühmte Coca-Cola war in ihrer Ursprungsform so ganz nebenbei also auch noch Schmerzmedikament und Aufputschmittel.

Das Rezept hat sich seitdem nicht geändert. Nur das Kokain, das der Coca den Namen gab, wird inzwischen, zum Glück, vor dem Brauen aus den Cocablättern entfernt. Man stelle sich nur die Sauerei vor, wenn sich die Leute mit dem Strohhalm das Zeug in flüssiger Form durch die Nase ziehen würden.

Tatsächlich enthalten einige Soft Drinks auch heute noch pharmakologisch wirksame Stoffe. Der Energiedrink *Red Bull*

Ein Hauch von Hollywood: In diesen Wohnwagen ziehe ich mich während den Umbaupausen zurück (Robert de Niro hat übrigens den gleichen).

Cola wurde 2009 sogar kurzfristig aus dem Verkehr gezogen, weil er Spuren von Koks enthält. Allerdings müssten Sie davon etwa 100 000 Liter trinken, bis Sie eine euphorisierende Wirkung spüren. Und mit einem solchen Wasserbauch verliert jeder Drogenrausch eindeutig seine Faszination. Deswegen hält sich auch die Beschaffungskriminalität in Grenzen.

Dennoch gibt es Soft Drinks, die genau genommen verschreibungspflichtig sein müssten: Tonicwater oder Bitter Lemon enthalten Chinin in einer durchaus pharmakologisch wirksamen Dosis. Der Frage «Heute schon geschweppt?», müssten die Werber eigentlich noch hinterherschicken: «Zu Risiken und Nebenwirkungen fragen Sie Ihren Arzt oder Apotheker.»

Und von diesen Nebenwirkungen gibt es eine Vielzahl: Chinin in hoher Dosis kann Kopfschmerzen, Übelkeit, Erbrechen und sogar Leberschäden hervorrufen. Was natürlich auch an dem Wodka liegen könnte, mit dem Sie Ihr Tonicwater üblicherweise strecken. Manchmal ist es schwer, den wahren Feind zu erkennen.

In Rohform ist Chinin ein bitter schmeckendes, weißes Pulver, wird aus der Rinde des Chinarindenbaums gewonnen und zählt zur Gruppe der Alkaloide. Nachdem ich mich über die Gefährlichkeit dieses Stoffes ausgelassen habe, nun mal was Positives. Aufgepasst! Chinin wirkt fiebersenkend, schmerzstillend und wird zur Behandlung von nächtlichen Wadenkrämpfen eingesetzt. Bereits zwei Flaschen Bitterlimonade enthalten so viel davon, wie in einer handelsüblichen Tablette vorhanden ist.

Chinin verhindert außerdem die Bildung des Enzyms Hämpolymerase und hemmt damit die Nucleinsäuresynthese der ungeschlechtlichen Malariaüberträger. Kurz gesagt: Chinin ist ein wirkungsvolles Malariamedikament und wurde tatsächlich in Afrika lange Zeit zur Behandlung und Vorbeugung eingesetzt.

Auch gegenüber anderen Organismen zeigt Chinin abtötende Wirkung: Bakterien, Hefen und – Vorsicht! – Spermatozoen. Pharmakologen schätzen, dass durch den täglichen Konsum von mehreren Litern Tonicwater ein Verlust der männlichen Potenz nicht ausgeschlossen ist. Bei Frauen dagegen wirkt sich Chinin in hohen Dosen anregend auf die Gebärmuttermuskulatur aus. In Einzelfällen können damit sogar Wehen ausgelöst werden. Die andererseits vollkommen sinnlos sind, wenn sich der männliche Partner mit Gin Tonic in die Impotenz gesoffen hat. Sollten Sie also nicht gerade in einem Malariagebiet leben, wechseln Sie lieber auf Wodka Orange mit einem Schuss Gin. Und lassen Sie den Wodka weg. Und den Gin am besten auch.

--- PER MAIL ---

WARUM ZERBRECHEN SPAGHETTI IMMER IN MEHR ALS ZWEI STÜCKE?

Ben K. (43) aus Hamburg

Mein größter Held der Physik ist der Nobelpreisträger Richard Feynman. Neben seiner wissenschaftlichen Brillanz war er ein extrem witziger und mitreißender Wissensvermittler. Sein Credo lautete: «Wissenschaft ist wie Sex. Manchmal kommt etwas Sinnvolles dabei raus, das ist aber nicht der Grund, warum wir es tun.»

Wer in den Naturwissenschaften nach unmittelbarem Nutzen fragt, kann ziemlich sicher sein, dass er vergebens forscht. Als man vor 100 Jahren die Quantenmechanik entwickelte, hatte man keinerlei Vorstellung davon, was man jemals damit würde anfangen können. Heute gäbe es ohne dieses Wissen kein Mobiltelefon, keinen MP3-Player und keine Playstation. Okay, viele Eltern wären darüber nicht unbedingt traurig.

Die Aufgabe eines guten Wissenschaftlers ist es, unorthodoxe Fragen zu stellen: Wieso wird es nachts dunkel? Warum läuft Zeit immer in eine Richtung? Ist ein Lichtjahr die Stromrechnung für zwölf Monate?

Auch Richard Feynman stellte mit Vorliebe ungewöhnliche Fragen. In den 60er Jahren bemerkte er beim Kochen, dass harte Spaghetti häufig in drei oder vier, niemals jedoch in zwei Teile zerbrachen. Das Rätsel galt jahrelang in Insiderkreisen als «Feynman's Spaghetti Mystery». Erst 40 Jahre später wurde das Geheimnis von zwei französischen Physikern gelüftet. Mit Hilfe einer Hochgeschwindigkeitskamera, die 1000 Bilder pro Sekunde machte, untersuchten sie das Bruchverhalten und erkannten Faszinierendes: Spaghetti haben ein heißblütiges, mediterranes Temperament und zeigen nach dem ersten Bruch Anzeichen einer posttraumatischen Belastungsstörung!

Verbiegt man die Nudel über ihre Biegegrenze, so bricht sie ganz normal an einer Stelle. Die beiden Bruchstücke entspannen sich jedoch nicht, wie man das beispielsweise bei Holz kennt. Ganz im Gegenteil: Die Hochgeschwindigkeitsaufnahmen zeigten, dass in den einzelnen Nudelstücken elastische Biegewellen mit unterschiedlichsten Wellenlängen entlang der beiden Hälften ausgelöst werden. Die Biegewellen rasen mit Geschwindigkeiten von bis zu 100 Metern pro Sekunde entlang der zylinderförmigen Nudel herunter, werden am Nudelende reflektiert und schwingen zurück. Und das ist für jede halbwegs normale Nudel zu viel. Durch das schnelle Zurückflitschen bricht sie abermals. Besonders gerne an den winzigen Unregelmäßigkeiten im harten Pastateig.

Die beiden Franzosen Basile Audoly und Sébastien Neukirch veröffentlichen ihr spektakuläres Ergebnis in der renommierten Fachzeitschrift *Physical Review Letters*. Und sie wurden belohnt. Die Erforschung dieses Phänomens löste in der wissenschaftlichen Welt eine solche Euphorie aus, dass man den beiden 2006 sogar den Ig-Nobelpreis verlieh.

Ig steht hierbei für «ignoble», was so viel heißt wie «seltsam» oder «sinnlos». Ausgezeichnet werden mit dem Ig-Nobelpreis seit 1991 obskure wissenschaftliche Arbeiten. Echte Nobelpreisträger unterstützen die Jury, einfach, weil sie Freude an skurriler, humorvoller Forschung haben. Doch der Ig-Nobelpreis ist weit mehr als sinnlose Zeitvergeudung oder gar Verschwendung von Steuergeldern. Dieser Preis zollt der Wissenschaft Lob und Respekt. Denn das meiste, was wir heute als große Entdeckungen bezeichnen, wurde ausgepfiffen und mit Hohn und Spott überschüttet, als es neu war. Zwar ist das Spaghetti-Problem inzwischen geklärt, doch an weiteren interessanten Fragestellungen herrscht kein Mangel: Warum rollt eine fallen gelassene Münze immer unter den geographischen Mittelpunkt des Schrankes? Kann man mit Hilfe von Infrarot-Spektroskopie wirklich Äpfel mit Birnen vergleichen? Existiert eine reelle Möglichkeit, Rolltreppenhandläufe herzustellen, die genauso schnell laufen wie die Rolltreppe selbst?

— MÜNDLICHE ZUSCHAUERFRAGE —

WARUM HABEN SEKTFLASCHEN EINEN GEWÖLBTEN BODEN?

Volkmar S. (56) aus Bad Soden

In Zeiten der drohenden Klimakatastrophe ist alles, was irgendwie mit Kohlendioxid zu tun hat, ziemlich heikel. So ist es wahrscheinlich nur eine Frage der Zeit, wann die EU endlich den Sekt aus den Supermarktregalen verbannt. Damit es auch schön auf der Zunge prickelt, ist in diesen Flaschen eine Menge des teuflischen Treibhausgases gelöst. Da kann schon mal eine einzige Champagner-Party unter Investmentbankern den Meeresspiegel um mehrere Zentimeter erhöhen. Auch die Sektdusche bei der *Formel 1* ist aus Klimaschutzgründen skeptisch zu sehen. Man kann schließlich auch mit einer Tasse grünem Tee oder einem Glas stillem Wasser den Sieg am Nürburgring feiern.

In der Sektflasche entsteht CO_2 durch den Umbau von Glucose zu Alkohol. Durch diese Flaschengärung steigt der Innendruck in einer Sektflasche auf bis zu acht Bar an. Bei geschlossener Flasche ist das CO_2 in der Flüssigkeit gelöst. Wird der Sicherheitsdraht am Flaschenhals geöffnet, entweicht das Kohlendioxid schlagartig aus dem Sekt, und der Gasdruck beschleunigt den Korken schneller, als Usain Bolt rennen kann. Auf über 40 Kilometer in der Stunde! So viel Druck muss eine Flasche erst mal aushalten können. Vor allem an ihrer Schwachstelle: dem Boden. Denn bei hohem Innendruck wird die Nahtstelle von der Flaschenwand zum flachen Boden besonders beansprucht.

Dazu empfehle ich ein kleines Experiment: Halten Sie eine

leere Glasflasche am Hals vor sich. Öffnen Sie nun den Schraubverschluss, und schlagen Sie dann mit einem Gummihammer fest auf die Öffnung. Wenn Sie alles richtig gemacht haben, schlägt es der Flasche den Boden heraus. Wenn nicht, empfehle ich die stabile Seitenlage und eine gute Wundsalbe.

Hat die Flasche jedoch einen nach innen gewölbten Boden, wie Sie das sicherlich von Ihren Dom-Pérignon-Beständen in Ihrem großzügigen Weinkeller her kennen, tun Sie sich beim Ausschlagen des Bodens schon wesentlich schwerer. Bei einem gewölbten Boden wird der Innendruck leichter an die Wände abgegeben und verteilt. Die Flasche ist dadurch wesentlich stabiler. Aus dem gleichen Grund ist ein Ziehharmonika-artig gefaltetes Blatt Papier viel stärker belastbar als ein flaches.

Interessanterweise hatte die Konstruktion des gewölbten Bodens anfangs einen ganz anderen Grund. Bevor Sekt und Champagner das Licht der Welt erblicken, müssen sie neun Monate lang in der Flasche bleiben. Während dieser Reifungsphase werden sie Tag für Tag gerüttelt und gedreht. Damit die Hefe, die sich während der Gärung in der Flasche abgesetzt hat, zur Flaschenmündung hin rutscht und entfernt werden kann.

Der gewölbte Boden diente ursprünglich dazu, dass die Flaschen auf einem sogenannten Rüttelpult besser ineinandergesteckt werden konnten. Dadurch war es möglich, eine größere Anzahl an Flaschen auf einmal zu bewegen. Erst später erkannte man, dass der hochgezogene Boden auch statische Vorteile bot.

Möglicherweise fragen Sie sich jetzt, warum auch Weinflaschen einen solchen Boden haben. Immerhin sprudelt bei einer Weinflasche nichts. Und gerüttelt muss der Bordeaux auch nicht werden, ganz im Gegenteil: Ein guter Wein sollte in Ruhe gelassen und nicht hin und her geschubst werden.

Ist der gewölbte Weinboden nur eine stilvolle Einschenk-Hilfe oder ein billiger Marketing-Trick, um Exklusivität vorzugaukeln?

Oder gar, um voluminöse Flaschen mit hohen Preisen zu rechtfertigen? Natürlich steht in einer Weinflasche nichts unter Druck. Dennoch macht der hochgezogene Boden Sinn: Beim Verkorken wird nämlich der Korken mit dreieinhalb Kilometern pro Stunde in den Flaschenhals getrieben. Das klingt im ersten Moment nicht viel. Dadurch erzeugt er aber – ähnlich wie ein Kolben in einem Zylinder – einen Verschließ-Druck, der auf bis zu vier Bar hochschnellen kann. Jede Weinflasche muss folglich kurzzeitig etwa doppelt so viel Druck aushalten wie ein Autoreifen. Natürlich nur, wenn die Weinflasche auch einen Korken hat. Bei einem Schraubverschluss müssen Sie nicht auf den gewölbten Boden achten. Und auch der süßlich-aufdringliche 89-Cent-Lambrusco ist in einem Tetra Pak mit flachem Boden genauso gut aufgehoben wie in einer mundgeblasenen Flasche mit korrekter Bodenkrümmung. Na, denn Prost!

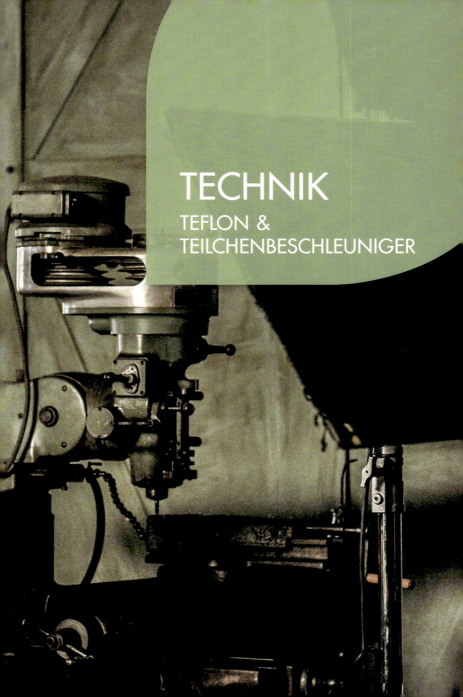

TECHNIK
TEFLON & TEILCHENBESCHLEUNIGER

PER MAIL

WARUM FLIEGT EIN FLUGZEUG?

Anastacia W. (13) aus Köln

Noch vor 150 Jahren schien der Traum vom Fliegen unerreichbar. Zu der Zeit flog man höchstens von der Schule oder auf die Fresse. Die Vorstellung, irgendwann mal zusammengepfercht mit 120 aufgekratzten Pauschaltouristen in 10 000 Metern Höhe zum Ballermann zu fliegen und dabei exzessiv Tomatensaft in sich hineinzukippen, war für unsere Urgroßeltern völlig utopisch. Und wenn ich mir es recht überlege, ist sie das für mich immer noch.

Wie also ist es möglich, dass sich ein 200 Tonnen schweres metallenes Ding in der Luft halten kann? Was lässt ein Flugzeug fliegen? «Ist doch klar», sagt mein Nachbar, «der Pilot natürlich.» Ende der Diskussion.

Etwas ausgefuchstere Persönlichkeiten antworten auf diese Frage in der Regel mit Daniel Bernoulli. Den Herrn haben Sie bereits auf Seite 23 kennengelernt. Die Bernoulli-Fraktion behauptet, dass ein Flugzeug flöge, weil die Luft aufgrund der speziellen Flügelform über den Tragflächen schneller strömt als unterhalb. Schnellere Luft übt nach Bernoullis Theorie einen geringeren Druck aus als langsame, wodurch die Tragflächen nach oben gedrückt würden. Das klingt sehr fein, hat aber einen kleinen Schönheitsfehler: Es gibt keinen plausiblen Grund, weshalb die Luft über der Tragfläche schneller strömen soll als unterhalb. Der Bernoulli-Effekt ist für eine Menge Dinge verantwortlich, für die Erklärung des Luftverkehrs allerdings nicht. Auch wenn dies sogar in vielen Physikbüchern falsch dargestellt wird.

Welcher Effekt könnte also stark genug sein, um ein Flugzeug in die Lüfte zu befördern? Wenn sich Physiker über die Ursachen eines Phänomens etwas im Unklaren sind, dann sagen sie normalerweise: «Newton war's! Wahrscheinlich irgendwas mit actio = reactio ...» Klingt cool, weltmännisch – und ist oft richtig. Wie auch in diesem Fall. Tatsächlich hat Isaac Newton quasi im Voraus eine Erklärung dafür geliefert, wieso Flugzeuge fliegen können. Die Tragflächen von Flugzeugen sind so konstruiert, dass sie die Luft, die oben und unten – egal, mit welcher Geschwindigkeit – entlangströmt, an der hinteren Flügelkante nach unten ableitet. Gemäß dem Dritten Newton'schen Bewegungsgesetz actio = reactio wird dadurch die Tragfläche mit der gleichen Kraft nach oben befördert wie der Luftstrom, der nach unten weggeschleudert wird. Schon bei einem kleinen, einmotorigen Propellerflugzeug werden bei einer Fluggeschwindigkeit von nur 200 Kilometern pro Stunde in jeder Sekunde drei bis fünf Tonnen Luft abwärts gepumpt.

Darüber hinaus ist die Tragfläche des Flugzeugs nicht parallel zum Boden ausgerichtet. Ihre Vorderkante ist immer leicht nach oben gekippt. Etwa um vier Grad, wenn das Flugzeug horizontal fliegt. Aufgrund dieser Konstruktion ist der Druck auf die Unterseite höher als auf die Oberseite. Das drückt den Flügel nach oben und erzeugt einen zusätzlichen Auftrieb. Und zwar ganz ohne Bernoulli, dafür aber mit ganz viel Newton. Je steiler der Pilot das Flugzeug anstellt, umso größer wird der Angriffswinkel auf die Unterseite. Das ist der Grund, weshalb startende Flugzeuge so steil aufsteigen. Am Anfang haben die Brummer nämlich noch eine zu niedrige Geschwindigkeit; selbst ein 400 Tonnen schwerer A380 hebt bei nur 270 Kilometern pro Stunde vom Boden ab. Damit er dann oben bleibt, müssen alle Kräfte mobilisiert werden. Da der Effekt der nach unten abgeleiteten Luft aufgrund der geringen Anfangsgeschwindigkeit ebenfalls gering ist, muss der Pilot durch die Vergrößerung des Anstellwinkels den Auftrieb massiv erhöhen.

Damit sorgt er praktischerweise auch gleich dafür, dass der Vogel *über* und nicht *in* die Wohnzimmer von nahegelegenen Reihenhäusern fliegt.

Je nach Flugzeugtyp kann der Steigungswinkel kurz nach dem Start bis zu 20 Grad betragen. Insofern ist es höchst merkwürdig, wieso das Bordpersonal jeden Fluggast beim Start terrorisiert, doch gefälligst die Rückenlehne in eine aufrechte Position zu bringen. Die Dinger haben doch nur einen Spielraum von drei Millimetern! Aber vielleicht macht es ja einen Unterschied, ob ein startendes Flugzeug mit senkrechten oder minimal angewinkelten Sitzen abstürzt …

Auf jeden Fall sind es zwei unterschiedliche Funktionen der Tragflächen, die den Traum vom Fliegen wahr werden lassen. Und beide basieren auf dem Prinzip actio = reactio. Wenn das der alte Newton noch erlebt hätte. Darauf einen Tomatensaft!

PER FAX

WIE FUNKTIONIERT EIN LÜGENDETEKTOR?

Holger M. (53) aus Rheine

Jeder kennt den Lügendetektor aus Hollywoodfilmen: Das Opfer wird in einen kahlen Raum geführt und mit dem Finger an ein abstruses Gerät angeschlossen. Eine kühle, unnahbare Wissenschaftlerin mit weißem Kittel und strenger Brille sitzt dem Opfer gegenüber und starrt gebannt auf einen weißen Bogen Papier, auf dem hektisch eine Nadel zittert. Zunächst stellt die Dame nur ein paar harmlose Fragen: «Wie lautet Ihr Name?», «Wann wurden Sie geboren?», «Welcher Wochentag ist heute?» Dann plötzlich – wie aus dem Nichts – die entscheidende Frage: «Finden Sie mich eigentlich zu dick?» Beim Opfer bricht Panik aus. Der Pulsschlag erhöht sich, Blutdruck und Atemfrequenz steigen an, auf der Stirn bilden sich kleine Schweißperlen, und die Hände werden feucht. «Ähh ..., also ich finde ... Sie sehen ... toll aus ...» Doch der Lügendetektor lügt nicht: Die zitternde Nadel durchschlägt die obere Begrenzung. Ertappt!!!

Eine erste Vorform des Lügendetektors kam bereits 1913 zum Einsatz, nachdem der italienische Psychologe Vittorio Benussi mit einem Apparat Atmung und Puls von Menschen aufzeichnete, um zu erfahren, ob sie lügen. Zwei Jahre später analysierte der Psychologe William Marston noch zusätzlich die Blutdruckwerte von Probanden. Die Idee setzte sich schnell durch, und schon bald gründete das US-Verteidigungsministerium sein eigenes Lügendetektor-Institut. Mit beeindruckenden Ergebnissen: Sagt der

Proband die Wahrheit, schlägt der Zeiger des Signalgerätes nach oben aus. Oder nach unten. Oder er bleibt in der Mitte. Und jetzt kommt der Hammer: Bei einer Lüge ist es genau umgekehrt!

Ein klassischer Lügendetektor misst den kontinuierlichen Verlauf all dieser Parameter, da man annimmt, dass jeder Mensch beim Lügen gestresst oder nervös reagiert, was sich dann in der elektrischen Leitfähigkeit der Haut oder des Herzschlages auswirkt. Inzwischen weiß man, dass die aufgezeichneten Veränderungen keine hinreichenden Beweise dafür sind, ob jemand lügt oder nicht, sondern lediglich Auskunft über den «Aktivierungsgrad» in diesem Moment geben. Wissenschaftler nennen den Lügendetektor daher auch sicherheitshalber lieber «Polygraph» oder «Biosignalgerät». Professionelle Lügenbarone können ihre körperlichen Reaktionen entsprechend beeinflussen, so meisterte zum Beispiel der CIA-Doppelagent Aldrich Ames souverän jahrzehntelang alle Tests der CIA. Genauso wie der Serienmörder Gary Ridgway: Beim ihm lag es an seiner soziopathischen Persönlichkeit, dass die Testergebnisse wenig aussagekräftig waren. Menschen wie Ames oder Ridgway empfinden in der Regel keine Reue in Hinblick auf ihre Taten. Wenn sie lügen, reagiert ihr vegetatives Nervensystem praktisch nicht.

2003 gab die *U. S. National Academy of Science* einen vernichtenden Bericht über die Zuverlässigkeit des konventionellen Lügendetektors heraus, in dem alle Möglichkeiten aufgeführt waren, wie die Apparate überlistet und unschuldige Menschen als Lügner gebrandmarkt werden können. Das Gerät ist sogar so unsicher, dass die Zahl der Menschen, die fälschlicherweise der Lüge bezichtigt werden, höher ist als die Zahl der echten, ertappten Lügner.

Doch es gibt Hoffnung. Vor einigen Jahren fand Daniel Langleben von der *University of Pennsylvania* heraus, dass sich Lügner im Gehirnscan von Menschen, die die Wahrheit sagen, unterscheiden. Wenn einem das Gehirn eine Lüge auftischt, muss es zunächst damit aufhören, die Wahrheit zu sagen, um dann eine Täuschung zu erfinden. Lügner müssen sich also eine schlüssige Alternativgeschichte im Kopf ausdenken und parallel dazu die Wahrheit im Hinterkopf behalten. All das bedeutet zweifellos mehr Gehirnaktivität. Und die kann man mit Hilfe der funktionellen Magnetresonanztomographie messen (Genaueres dazu erfahren Sie auf Seite 117). Untersuchungen haben gezeigt, dass beim Schwindeln besonders der Stirnhirnlappen aktiv ist – ein Bereich, in dem anspruchsvolles Denken konzentriert ist. Erhöhte Aktivitäten fand man weiterhin im Schläfenlappen und im limbischen System, wo Gefühle verarbeitet werden. Außerdem treten ungewöhnliche Aktivitäten im anterioren cingulären Cyrus auf, der für Konfliktlösungen und Reaktionsunterdrückung zuständig ist. Ein Hirnareal, das schon beim Aussprechen des Wortes extrem viel Energie verbraucht. Anders gesagt: Lügen haben keine kurzen Beine, machen aber einen dicken Kopf.

Natürlich ist die Forschung vom «Gehirnlesen» noch weit entfernt. Unter Neurowissenschaftlern wird die Aussagekraft der Hirnscans heftig diskutiert, und selbst Langleben drückt sich sehr vorsichtig aus: «Es scheint keine eindeutige Signatur der Lüge im Gehirn und kein spezifisches Lügenareal zu geben».

Dennoch sind Lügendetektoren, die auf dieser Technik basieren, wesentlich zuverlässiger als die altmodischen Zitterbilder, da selbst die coolsten Lügner über die Veränderung ihrer Gehirnmuster keinerlei Kontrolle haben. Allwissend ist diese Methode selbstverständlich nicht, so haben Menschen mit einem besonders dichten Netzwerk von Nervenzellen zum Beispiel die Chance, mit ihren Lügen durchzukommen. Ihr Gehirn arbeitet schlicht und einfach effizienter, und dadurch können sie ohne größeren Energieaufwand ihre Lügengebäude aufrechterhalten.

Die Forschung zeigt: Dauerlügner sind intelligenter. Ich habe da meine Zweifel. Ein Blick in den Bundestag genügt.

— PER MAIL —

KANN MAN MIT KUNSTDÜNGER TATSÄCHLICH SPRENGSTOFF HERSTELLEN?

Sebastian R. (16) aus Köln

Der Held meiner Jugend hieß MacGyver. Seine Kreativität und sein Erfindungsreichtum waren unglaublich. Eine Sicherheitsnadel, zwei Streifen Kaugummi und eine alte Radioröhre reichten ihm aus, um damit eine vollautomatische Cappuccino-Maschine mit Milchschaumfunktion und Mahlbehälter herzustellen. MacGyvers Spezialität allerdings war das Basteln von Dingen, die im Laufe der Sendung spektakulär in die Luft geflogen sind. In einer Episode baut er unter Verwendung von Kunstdünger eine leistungsfähige Bombe. Und das ist tatsächlich möglich, wie jeder weiß, der schon mal im Internet die Worte «Heiliger Krieg» und «Ammoniumnitrat» gegoogelt hat.

Deswegen fällt in Deutschland Ammoniumnitrat auch unter das Sprengstoffgesetz und darf nur noch gemischt mit harmlosen Stoffen wie Kalk verkauft werden. Denn seine Sprengkraft ist wirklich enorm: 1947 explodierten im Hafen von Texas City zwei mit Ammoniumnitrat beladene Dampfer und zerstörten ein Drittel der Stadt. 1995 jagte der Attentäter Timothy McVeigh in Oklahoma City mit Kunstdünger ein neunstöckiges Bürogebäude in die Luft. Damals überlegten sich die Schwerverbrecher: «Geh ich kurz zum Waffenhändler oder doch lieber gleich ins Garten-Center?»

Was machte den Kunstdünger so explosiv? Der Hauptbestandteil von Dünger ist Stickstoff. Den brauchen Pflanzen wie wir die Luft zum Atmen. Stickstoff dient als Bauelement für das Blattgrün Chlorophyll und viele Enzyme. Er ist der wichtigste Nährstoff für die Bildung von Aminosäuren (und damit von Eiweiß) und wird deswegen auch als Motor des Wachstums bezeichnet. In unserer Atemluft ist Stickstoff reichlich vorhanden. 78 Prozent der Luft besteht daraus. Das geruch- und geschmacklose Gas besteht aus Stickstoffatomen, die in einem zweiatomigen Molekül verbunden sind, in der Chemie auch als N_2 bezeichnet. Die beiden Ns sind dabei so fest aneinandergekettet, dass es nur unter extremem Kraftaufwand möglich ist, sie voneinander zu trennen. Und hier fängt das Drama an: Mit einem N_2-Molekül kann ein Tomatenstrauch oder ein Weizenfeld nämlich rein gar nichts anfangen. Damit Pflanzen den Stickstoff verwerten können, muss er in seine einzelnen atomaren Bestandteile zerlegt werden. Und damit ist die Pflanze schlicht und einfach überfordert. Normalerweise nimmt die Pflanze Stickstoff in Form von gelösten Nitratsalzen über das Wasser im Boden auf. Es gibt allerdings auch bestimmte Pflanzenarten, die sich Unterstützung von der Bakterienfront holen. Hülsenfrüchte, sogenannte Leguminosen, leben mit Rhizobien in einer Art WG zusammen. Das sind Bakterien, die sich in den Wurzeln eingenistet haben. Und dabei wäscht eine Hand die andere: Während die Bakterien im Keller die Drecksarbeit machen und die Stickstoffmoleküle unter großem Energieaufwand in verwertbares Ammonium umbauen, versorgt die Pflanze ihre kleinen Mitbewohner mit Nährstoffen. Für beide Mietparteien alles in allem ein ziemlich kraftraubender und wenig effizienter Mechanismus.

Die Zugabe von Kunstdünger löst dieses Problem. Er besteht nämlich unter anderem aus genau dem Stoff, den die Rhizobien herstellen: Ammonium. Und zwar in einer Menge, von der die Bakterien nur träumen können. So gesehen hat die chemische Industrie per Outsourcing den Bakterien ihren Arbeitsplatz weggenommen. Irgendwie ganz schon fies.

Ammoniumnitrat, einer der üblichsten Handelsdünger, enthält verwertbaren Stickstoff sogar gleich in *zwei* Formen: in Form von Ammonium, chemisch: NH_4, und noch zusätzlich in Form von Nitrat, NO_3.

Was aber würde passieren, wenn die beiden getrennten Stickstoffatome im Ammoniumnitrat plötzlich die Möglichkeit hätten, sich wieder zu N_2 zu verbinden? Denn wie schon vorher erwähnt, ist das gasförmige Stickstoffmolekül eine extrem stabile Verbindung. Tatsächlich lieben Stickstoffatome einander so sehr, dass sie die Chance zur Vereinigung freudig wahrnehmen würden. Was also hindert sie daran, im Ammoniumnitrat einfach aus dem alten Trott auszubrechen und zusammen durchzubrennen? Um dann als Gas frei von allen Zwängen durch die Luft zu fliegen?

Unter bestimmten Bedingungen passiert das tatsächlich. Alles, was dazu nötig ist, ist Wärme. Wenn Sie Ammoniumnitrat erhitzen, wird es irgendwann mit hoher Wahrscheinlichkeit explodieren. Die Neigung der beiden Stickstoffatome, sich miteinander zu verbinden, ist so stark, dass der Feststoff Ammoniumnitrat bei etwa 300 Grad urplötzlich und schlagartig in die Gase Stickstoff, Sauerstoff sowie Wasserdampf zerfällt. MacGyver hatte also recht. Mit Kunstdünger schießt nicht nur der Salat.

PER MAIL

WIE FUNKTIONIERT MAGNETRESONANZTOMOGRAPHIE?

Marion W.-S. (42) aus Günzburg

Das menschliche Gehirn ist zu phänomenalen Leistungen fähig. Mit seiner Hilfe können wir in Bruchteilen von Sekunden unseren Partner wiedererkennen. Es hilft uns beim Duschen, Anziehen und Frühstücken. Auf der Fahrt zur Arbeit trifft es Tausende von kleinen und großen Entscheidungen, und punktgenau mit dem Eintreffen im Büro stellt es seine Tätigkeit ein. Faszinierend.

In den letzten zehn Jahren haben Hirnforscher immense Erkenntnisse über die Funktionsweise unseres Gehirns gewonnen. Möglich wurde das vor allem durch die sogenannte Magnetresonanztomographie. Mit ihrer Hilfe konnten Wissenschaftler zum ersten Mal in der Geschichte der Medizin dem Gehirn beim Denken zuschauen. Sogar beim Nichtdenken.

Die MRT-Technologie wurde bereits 1973 von dem amerikanischen Chemiker Paul Christian Lauterbur und dem britischen Physiker Sir Peter Mansfield entwickelt. 2003 erhielten sie dafür den Nobelpreis für Medizin. Wenn Sie mich fragen, vollkommen zu Recht. Denn die MRT erlaubt es, detaillierte Bilder von allen Gehirnregionen aufzunehmen, was besonders die Tumordiagnostik revolutioniert hat. Außerdem kann man mit ihr winzige Veränderungen in Denkprozessen beobachten, ohne dazu mit Skalpell, Tupfer und zentimeterdicken Sonden im Schädel der Patienten herumfummeln zu müssen. Eine Methode also, die besonders von den Patienten selbst sehr begrüßt wird.

Früher erfuhren Hirnforscher über die grundsätzliche Funktionsweise unseres Denkapparates nur dann etwas, wenn im Oberstübchen etwas nicht stimmte. Konnte ein Mensch zum Beispiel nach einer Kopfverletzung nicht mehr sprechen, so wusste man, dass die beschädigte Region offenbar das Sprachzentrum darstellte. Bei Pantomimen jedoch hat das andere Ursachen (obwohl die oftmals auch nicht ganz taufrisch im Oberstübchen sind).

Wie die Bezeichnung Magnetresonanztomographie schon andeutet, arbeitet sie mit Magnetismus. Wenn ein Teil unseres Hirns zu denken anfängt, benötigt es Sauerstoff. Dabei fließt rotes, sauerstoffreiches Blut in die jeweilige Hirnregion, blaues, sauerstoffarmes dagegen wird aus dem Gebiet abgepumpt. Und das ist schon der ganze Trick an der Sache. Da Blut eisenhaltig ist, ist es leicht magnetisch – deswegen sieht auch getrocknetes Blut ein wenig wie Rost aus. Das sauerstoffarme Blut ist etwas magnetischer als das sauerstoffreiche. Der Fachmann spricht hierbei vom BOLD-Kontrast. Der bezeichnet den Sauerstoffgehalt in den roten Blutkörperchen (*blood oxygenation level dependent*). Natürlich sind die magnetischen Anziehungskräfte der beiden Blutarten äußerst gering, aber wenn ein ausreichend leistungsfähiger Magnet benutzt wird, können diese minimalen Veränderungen gemessen werden.

Dazu wird ein kreisförmiger Magnet benutzt, der in der Mitte ein Loch hat, in das der Patient hineingeschoben wird. Er schaut also sozusagen in die Röhre. Das dabei erzeugte Magnetfeld hat eine Stärke von bis zu 3 Tesla, 30-mal mehr als ein herkömmlicher Hufeisenmagnet. Würde man sich diesem Feld mit einer eisenhaltigen Halskette nähern, so würde sie bereits in einer Entfernung von zwei Metern in das Loch gezogen werden. Von Patienten mit künstlichen Hüften gar nicht erst zu sprechen.

Ähnlich wie Brummkreisel besitzen Elektronen und Protonen einen Eigendrehimpuls. Bringt man einen Atomkern in ein magnetisches Feld, richtet er seine Kreiselachse entlang des Feldes aus.

Mit einem senkrecht dazu stehenden, magnetischen Wechselfeld versucht man nun, diese Ausrichtung zu stören. Das klappt jedoch nur dann, wenn die Frequenz des Wechselfeldes zur Kreiselfrequenz passt, d. h. mit ihr «in Resonanz» ist (zur Larmorfrequenz, wenn Sie es genau wissen wollen). Schaltet man das Wechselfeld ab, richten sich die Kreisel erneut aus. Aus der Zeitdauer, die sie dafür brauchen, kann man Rückschlüsse auf das umliegende Gewebe ziehen. So beschleunigen zum Beispiel die Minimagnete im sauerstoffarmen Blut die erneute Ausrichtung. Und diesen Unterschied kann man messen.

In Verbindung mit einem leistungsfähigen Computer liefert die Magnetresonanztomographie dann detaillierte 3-D-Bilder von den vielfältigen Vorgängen in unserem Gehirn. Teilweise sogar in Echtzeit. Besonders Gehirntumore lassen sich dadurch bereits im Frühstadium erkennen, da in ihrem Umfeld ungewöhnlich große Blutmengen benötigt werden. Aber auch zu wesentlich diffizileren Dingen ist die MRT-Technologie fähig. Moderne Tomographen sind so feinfühlig, dass sie erkennen können, wenn eine Person lügt (siehe auch Seite 113), den Arm hebt oder eine komplizierte Rechenaufgabe löst. Mit ihrer Hilfe ist es möglich, zu sehen, wo genau im Gehirn sexuelle Gefühle lokalisiert sind und ob sich diese Regionen bei Männern und Frauen unterscheiden. Aber ich möchte Sie an der Stelle nicht mit schlüpfrigen Details langweilen. Schließlich gibt es in der Hirnforschung wichtigere Dinge, als herauszufinden, wohin genau beim Mann das sauerstoffreiche, eisenhaltige Blut fließt, wenn er an eine attraktive Frau denkt. Und seien wir ehrlich: *Das* hat man auch schon vor der Erfindung der Magnetresonanztomographie gewusst.

PER MAIL

WARUM GIBT ES KEIN PERPETUUM MOBILE?

Fabian L. (22) aus Hannover

Seit die Menschheit denken kann, träumen Erfinder von einer Maschine, die ohne Zugabe von Kraftstoffen ganz von selbst Energie erzeugt. Eine phantastische Vorstellung für alle – bis auf die großen Erdölkonzerne natürlich.

Warum also gibt es noch immer kein Perpetuum Mobile? Eine Maschine, die Energie aus dem Nichts erzeugt. Schließlich funktioniert das Gegenteil seit Jahren. Das Europäische Parlament zum Beispiel verwandelt problemlos maximale Energiezufuhr in nichts.

Innerhalb von nur 200 Jahren Ingenieurskunst ist es uns gelungen, bis zum Mars zu fliegen, kilometerlange Hängebrücken zu konstruieren und Salatschleudern zu entwickeln, mit denen man Rucola auf Schallgeschwindigkeit beschleunigen kann. Doch das Perpetuum Mobile liegt nach wie vor in unerreichbarer Ferne. Der uralte Menschheitstraum, etwas umsonst zu bekommen, scheint unmöglich.

Der Grund liegt in der wohl fundamentalsten Erkenntnis der Physik: der Thermodynamik. Im Physikunterricht mussten Sie sicherlich die Hauptsätze der Thermodynamik auswendig lernen. Ich wiederhole sie trotzdem noch mal, nur für den Fall, dass Sie sie gerade nicht parat haben. Der Erste Hauptsatz ist der berühmte Energieerhaltungssatz. Salopp gesprochen besagt er, dass Energie nicht verschwindet oder erzeugt wird, sondern immer nur von einer Form in eine andere umgewandelt werden kann. Kochen Sie sich einen Tee, verwandelt sich elektrische Energie in Wärme. Wenn Sie mit dem Auto fahren, überführt der Motor die im Benzin gespeicherte Energie, um von Frankfurt nach Hannover zu kommen. Nach dem Ersten Hauptsatz der Thermodynamik wird Energie also weder geschaffen noch zerstört. Sie verwandelt sich allenfalls in nutzlose Energie. Wie jeder weiß, der schon mal nach Hannover gefahren ist.

Die Physik bezeichnet diese nutzlose, nicht mehr verwertbare Energieform als «Entropie». Meistens tritt sie in Form von Reibungsverlusten und Abwärme auf. Ein Ottomotor etwa wandelt lediglich 35 Prozent der zugeführten Leistung in Fortbewegung um. Eine Glühbirne sogar nur ganze 5 Prozent in elektrisches Licht. Die restlichen 95 Prozent sind nur heiße Luft. Eine Ausbeute, die an viele Firmenmeetings erinnert.

Nach dem Ersten Hauptsatz der Thermodynamik bleibt zwar die Quantität der Energie erhalten, der Zweite Hauptsatz jedoch besagt, dass die *Qualität* der Energie nach und nach abnehmen muss. Oder anders ausgedrückt: Die Menge an nützlicher Energie verwandelt sich unaufhörlich in nutzlose Entropie. Und dieses Prinzip gilt für jede Maschine, jedes Lebewesen, jedes Objekt in unserem Universum. Es gilt sogar für das Universum selbst: Jeder einzelne Stern, jede Galaxie wird über kurz oder lang seine gesamte Energie in wertlose Entropie umgewandelt haben. So lange, bis das gesamte Universum einen statischen Gleichgewichtszustand erreicht hat. Zu diesem Zeitpunkt hat jeder Ort im Weltall die gleiche Temperatur. Und ab da passiert buchstäblich rein gar nichts mehr. Auf immer und ewig. Was wieder ein wenig an Hannover erinnert.

Dadurch wird auch klar, wieso es kein Perpetuum Mobile geben kann. Denn die Gesetze der Thermodynamik beweisen eindeutig, dass man aus keinem System mehr rausholen kann, als man reingesteckt hat. Ja, sogar noch schlimmer: Man bekommt noch nicht mal den aufgewendeten Einsatz wieder! Stetig und unaufhaltsam strebt jedes noch so clever konstruierte System seinem Stillstand entgegen.

Dieses frustrierende Grundprinzip hinderte selbstverständlich Gelehrte, Ingenieure und Tüftler keinesfalls daran, ein Perpetuum Mobile zu konstruieren. Seit Jahrhunderten werden Tausende von ihnen erdacht – und genau null davon funktionieren. Man entwirft Konstrukte, die mit Wind- und Wasserkraft betrieben werden, versucht mit balancierenden Rädern, Metallkugeln, Magneten, Vakuumkammern oder flexiblen Gewichten die Physik auszutricksen. Alles vergeblich. Die Physik sagt eindeutig, dass selbst erneuerbare Energien den verflixten Hauptsätzen unterworfen sind. Energie gibt's niemals kostenlos. Zwar schickt uns Sonne keine Rechnung. Aber dafür der Solarstromanbieter ...

— PER POST —

WIE VIEL IST MEIN ALTES HANDY WERT?

Silke A. (47) aus Düsseldorf

Am 11. April 1054 beobachtete der arabische Arzt Ibn Botlan in Al-Fustat, einem Stadtteil des heutigen Kairos, eine außergewöhnliche Himmelserscheinung: Im Sternbild Stier tauchte plötzlich wie aus dem Nichts ein neuer Stern auf. Im Laufe der folgenden Wochen wurde er heller und heller. So hell, dass er im Juli sogar drei Wochen lang mit bloßem Auge am Taghimmel zu erkennen war. Danach nahm seine Helligkeit wieder merklich ab. Zwei Jahre später war er gar nicht mehr zu sehen.

Um die Ufo-Gläubigen unter Ihnen zu beruhigen: Heute wissen wir, dass es sich bei dem Objekt um eine der größten Explosionen handelte, die es in unserem Universum gibt, eine Supernova. Ibn Botlan hatte das seltene Vergnügen, einen sterbenden Stern beobachten zu können, der 6500 Jahre zuvor in unserer Milchstraße explodiert war. Also ungefähr zu einer Zeit, zu der gerade mal die Landwirtschaft entwickelt wurde. So lange benötigte das Licht, um zur Erde zu gelangen. Was Botlan nicht wusste: Neben der Supernova-Explosion hat er gleichzeitig eine der wenigen Produktionsstätten für Mobiltelefone gesehen. Und das in einer Zeit, in der es allenfalls Dosentelefone gab!

Schaut man sich nämlich die Bauteile eines Handys genauer an, so erkennt man, dass fast das halbe Periodensystem in einem solchen Ding verbaut ist: Gold, Kupfer, Silber, Palladium, Cadmium, Tantal, Molybdän – allesamt chemische Elemente, die in freier Wildbahn nur in ziemlich niedriger Konzentration vorkommen. Der überwiegende Teil unseres Universums besteht aus Wasserstoff und Helium. Kohlenstoff, Sauerstoff, Silizium und Stickstoff sind ebenfalls noch relativ häufig zu finden. Alle Stoffe jedoch, die schwerer sind als Eisen, sind ziemlich selten. Und damit meine ich wirklich *extrem* selten. Zusammengenommen machen diese rund 65 chemischen Elemente nicht einmal 0,00001 Prozent aller Atome im Universum aus. Kein Wunder, denn es gibt in unserem Universum nur zwei grundsätzliche, sehr seltene Mechanismen, aus denen schwere Elemente erzeugt werden: Der s-Prozess in AGB-Sternen (den lassen wir mal aus Zeitgründen geflissentlich beiseite) und eben – Supernovae.

Damit es überhaupt dazu kommt, benötigt man einen Stern, der mindestens acht- bis zehnmal größer ist als unsere Sonne. Alleine *das* kommt schon nicht so häufig vor. Wenn sich ein solcher Riesenstern in der Endphase seines Lebenszyklus befindet, wird er immer heißer und heißer, bis er schließlich mit einem unbeschreiblichen Knall explodiert. Dabei nimmt seine Leuchtkraft innerhalb von nur fünfzehn Sekunden milliardenfach zu. Die währenddessen freiwerdende Energie heizt die äußeren Schichten des Sterns so stark auf, dass für einen kurzen Moment diejenigen Prozesse vonstatten gehen können, bei denen die schweren Elemente geschmiedet werden. Mit nahezu Lichtgeschwindigkeit werden sie dann ins Weltall geschleudert. Dort treffen sie auf die anderen Elemente und bilden zusammen mit ihnen in einem Milliarden Jahre dauernden Prozess neue Galaxien, Sonnensysteme und Planeten.

Im Schnitt finden solche Supernova-Explosionen nur etwa 20-mal pro Jahrtausend in unserer Galaxie statt. Ohne sie gäbe es jedoch keine Xenonscheinwerfer, keine Jodtabletten und keine Platinuhren – und erst recht kein iPhone. Gut, natürlich auch keine Nickelallergien und Bleivergiftungen. Jede Medaille hat eben zwei Seiten.

Inzwischen ist es ja üblich, alle paar Monate sein Mobiltelefon zu wechseln, weil einem der hippe O_2-Verkäufer erklärt hat, dass man heutzutage ohne einen 4-GHz-Dual-Core-Prozessor mit integriertem 3-D-Surround-Sound und vorinstalliertem Flugabwehrsystem gar nicht mehr zu telefonieren braucht. Der Branchenverband Bitkom schätzt, dass deshalb rund 80 Millionen alte Handys in Deutschlands Schubladen herumdümpeln. Insgesamt über 1800 Kilogramm Gold, fast 16 000 Kilogramm Silber und über 60 000 Kilogramm Kupfer. Da wird selbst der uncoolste Siemens-Knochen zur Goldgrube! Denn Mobiltelefone enthalten neben diesen Metallen weitere chemische Kostbarkeiten, hinter denen die gesamte Hightech-Branche her ist: die seltenen Erden! Genauer gesagt, die Seltenerd-Metalle mit exotisch klingenden Namen wie Yttrium, Lanthan, Neodym oder Terbium. Das sind Elemente aus der 3. Nebengruppe des Periodensystems, 2. Stock, Hinterhof, ganz hinten links. Wie ihr Name sagt, kommen sie extrem selten vor und sind doch gleichzeitig unverzichtbar in modernen Elektronikbauteilen, weshalb sie inzwischen zu den begehrtesten Rohstoffen der Welt gehören. Für ein einziges Kilogramm Europium kriegen Sie inzwischen über 2000 Euro! Sollten Sie also zu Hause noch fünf-, sechstausend alte Nokias herumliegen haben, dann auf zur kommunalen Sammelstelle! Führen Sie Ihre alten Geräte in den Wertstoff-Kreislauf zurück. Denn bis die nächste Supernova kommt, kann's noch recht lange dauern …

―― PER MAIL ――

IST ELEKTROSMOG GEFÄHRLICH?

Peter S. (68) aus Frankfurt am Main

Für viele ist das die Gretchenfrage der Wissenschaft: Wie hältst du's mit dem Handy? Mehr als die Hälfte der deutschen Bevölkerung ist davon überzeugt, dass Mobilfunkstrahlen Kopfschmerzen, Tinnitus, Herzrasen bis hin zu Gehirntumoren verursachen können. Tatsächlich gibt es dokumentierte Fälle, in denen Elektrosmog eindeutig Schlafstörungen zur Folge hatte: wenn mitten in der Nacht das Handy klingelte.

Besonders in städtischen Gebieten ruft Elektrosmog bei der Bevölkerung Bedenken und Ängste hervor. Statistische Erhebungen beweisen eindeutig, dass Menschen, die neben einem Handymast wohnen, häufiger Bürgerinitiativen gegen Elektrosmog gründen als Vergleichspersonen, die in einem Funkloch leben.

Aber Scherz beiseite. Was ist wirklich dran an der Gefährlichkeit von Elektrosmog? Um es vorwegzunehmen: nicht sehr viel. Im Laufe der letzten Jahrzehnte wurden weltweit unzählige Studien durchgeführt, die herausfinden sollten, ob von Mobilfunknetzen in irgendeiner Form eine gesundheitliche Gefährdung ausgeht. Das Bundesamt für Strahlenschutz hat dazu sogar zwischen 2002 und 2008 ein großangelegtes, 17 Millionen Euro teures Forschungsprogramm ins Leben gerufen. Die am Projekt beteiligten Wissenschaftler klopften so ziemlich alle Bereiche ab, die durch elektromagnetische Felder beeinflusst werden können: hormonelle Vorgänge, Zellreaktionen, Stoffwechsel, Gedächtnisverlust und, und, und ...

Heraus kam: nichts! Nach 30 Jahren intensivem mobilem Telefonieren ist kein einziger Fall bekannt, bei dem es nachweislich zur Schädigung von Menschen durch Mobilfunk kam – mal abgesehen von den Typen, die bei 200 Kilometern pro Stunde auf der Autobahn versuchen, die neueste App herunterzuladen. Die einzige messbare Auswirkung von Mobilfunkstrahlen auf den menschlichen Körper ist eine lokale Erwärmung des betroffenen Gewebes aufgrund der Absorption der Funkwellen. Die liegt allerdings in einer Größenordnung von 0,1 °C. Ein Temperaturanstieg, den Sie mit Muttis Wollmütze ebenfalls locker hinkriegen.

Zunächst einmal ist Mobilfunkstrahlung nichts anders als eine elektromagnetische Welle, genauso wie sichtbares Licht, wärmende Sonnenstrahlen oder die Radiowellen Ihres Lieblingssenders. (Wobei die Musik von Chris de Burgh oder Helmut Lotti auch ganz schön auf die Nerven gehen kann.)

Entscheidend für die Gefährlichkeit von elektromagnetischer Strahlung ist ihre Frequenz. Gemessen wird sie in Hertz, also die Anzahl der Schwingungen pro Sekunde. Sichtbares Licht hat eine Frequenz von 10^{14} Hertz. Ist das gefährlich? Solange Sie nicht mit weit aufgerissenen Augen in die pralle Sonne schauen, kann nichts passieren. Einen Sonnenbrand bekommen wir übrigens nicht durch das sichtbare Sonnenlicht, sondern durch die ultraviolette Strahlung, die uns die Sonne noch on top mitliefert. Die hat eine Frequenz von 10^{15} Hertz, und das kann unter Umständen schon ganz schön weh tun. Auf der Haut und auch in den Augen. Wie jeder weiß, der schon mal eine Person gesehen hat, die 20 Jahre Solarium auf dem Buckel hat.

Röntgenstrahlen haben 10^{18} Hertz. Und dass die richtig gefährlich werden können, wissen Sie. Deswegen verlässt der Radiologe auch vor jeder Röntgenaufnahme fluchtartig den Raum. Richtig fies sind Gammastrahlen mit einer Frequenz von über 10^{20} Hertz. Die sind so energiereich, dass sie problemlos in

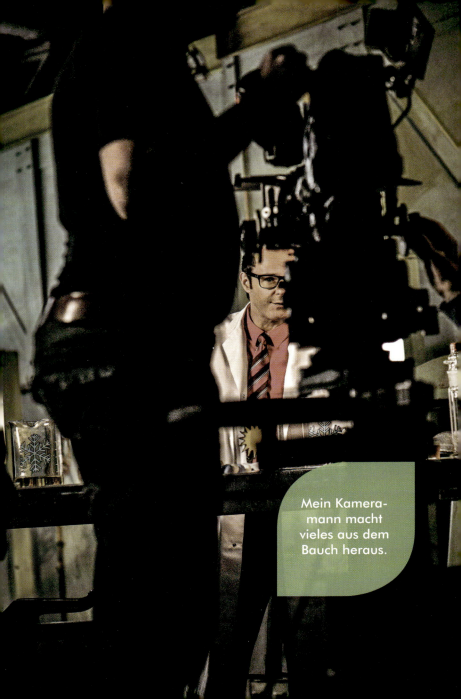

Mein Kameramann macht vieles aus dem Bauch heraus.

die menschlichen Zellen eindringen und dort die DNA schädigen oder gar zerstören. Tschernobyl lässt grüßen.

In welchem Bereich liegen nun Mobilfunkwellen? Schauen Sie einfach mal auf Ihrem Handy nach. Typische Mobilfunknetze senden bei etwa 1–2 Gigahertz. Das entspricht 10^9 Hertz. Mobilfunkwellen haben ca. 30 000-mal weniger Energie als sichtbares Licht. Wenn Sie also bei einer Bürgerinitiative gegen Elektrosmog auf die Straße gehen, dann sollten Sie das am besten nachts tun. Andernfalls setzen Sie sich einer elektromagnetischen Strahlung aus, die über 30 000-mal energiereicher ist als die, die der Handymast sendet.

Warum also fürchten sich trotzdem so viele Menschen vor Elektrosmog, obwohl es keine wissenschaftlich fundierten Hinweise auf eine Gesundheitsgefahr gibt? Vielleicht, weil Handystrahlen zwei entscheidende psychologische Nachteile haben. Erstens: Sie sind unsichtbar. Und eine vermeintliche Gefahr wirkt auf uns umso bedrohlicher, je weniger deutlich sie in Erscheinung tritt. Daher fürchten sich viel mehr Menschen vor Funkwellen als vorm Autofahren. Zweitens: Mobilfunkanbieter sind große, mächtige Konzerne. Organisationen, denen viele Menschen per se nicht über den Weg trauen. Und auch, wenn man gegenüber solchen Firmen skeptisch sein sollte, lässt sich unter Abwägung aller Gefahren und Nebenwirkungen sagen: Nicht das Vorhandensein von Elektrosmog ist ein konkretes Gesundheitsrisiko, sondern die Abwesenheit in Form eines Funklochs, die eine schnelle Hilfe im Notfall verhindert. Denn Handys retten Menschenleben. Jeden Tag. Tausendfach.

--- PER MAIL ---

WIE FUNKTIONIERT EIN SCHALLDÄMPFER?

Sabine L. (26) aus Stuttgart

Jeder kennt die Szene aus unzähligen Agentenfilmen: Der Profikiller, meist ein unscheinbarer Typ mit grauem Anzug und osteuropäischem Akzent, tritt von hinten an sein Opfer heran und zückt seine *Smith & Wesson* mit aufgeschraubtem Schalldämpfer. Dann macht es «Plopp Plopp», und das Opfer sackt mit einem fast unhörbaren Stöhnen in sich zusammen. Der Killer packt in Ruhe seinen Revolver ein, blickt sich kurz um und verschwindet so lautlos, wie er gekommen ist. Ein dreckiger, aber zumindest ruhiger Job, der eben erledigt werden muss.

Falls Sie vorhaben, in dieses Business einzusteigen, muss ich Sie an der Stelle mit ein paar technischen Details vertraut machen. Das Frustrierende vorneweg: Der dumpf vor sich hin ploppende Revolver gehört ins Reich der Mythen. Ein Schalldämpfer bewirkt auf einem Revolver etwa so viel wie die Sonnenbrille bei Stevie Wonder. Sieht cool aus, nützt aber nix.

Doch der Reihe nach: In der Regel setzt sich das Geräusch einer ungedämpften Schusswaffe aus zwei Bestandteilen zusammen. Der erste Knall stammt von den explosionsartig expandierenden Treibgasen, wenn sie die Laufmündung verlassen. Der zweite Knall ist der Überschallknall, den das Geschoss hervorruft. Beide Geräusche entstehen so dicht hintereinander, dass das menschliche Ohr sie nicht voneinander unterscheiden kann. Je nach Waffentyp beträgt dieser Doppelknall zwischen 90 und 120 Dezibel. Das entspricht in etwa dem Lärmpegel einer durchschnittlichen Großraumdisko wenn der DJ «Hölle, Hölle, Hölle» auflegt.

Ein Schalldämpfer besteht üblicherweise aus einem Metallzylinder, der im Inneren in zwei Abschnitte gegliedert ist. Der erste Abschnitt direkt nach der Mündung besteht aus der sogenannten Expansionskammer. Eine Art Drahtgeflecht, in die sich das heiße Treibgas ausdehnen kann. Es wird also aufgespalten und verliert dadurch einen Teil seiner Energie. Der zweite Abschnitt besteht aus einer Reihe von Blechen mit einem Loch in der Mitte, durch die das Geschoss fliegt. Diese Bleche zerstreuen und verlangsamen den aus der Mündung kommenden Gasstrom weiter, der dann beim endgültigen Austritt langsamer, kühler und leiser ist. Inzwischen gibt es sogar «nasse» Schalldämpfer, die im Inneren Wasser oder Schmieröl enthalten. Dadurch werden die heißen Gase noch effizienter abgebremst und gekühlt, weil die thermische und die Bewegungs-Energie in die Flüssigkeiten übergeht.

Das zeigt: Schalldämpfer können nur den ersten Knall etwas abmildern, indem sie die Ausdehnungsgeschwindigkeit der Gase minimieren. Beim Überschallknall, der ja vom Geschoss selbst erzeugt wird, sind selbst die raffiniertesten Schalldämpfer machtlos. Deshalb sollte der erfahrene Berufsverbrecher am besten Munition verwenden, die langsamer unterwegs ist als der Schall. Fragen Sie daher beim Waffenhändler Ihres Vertrauens stets nach spezieller «Unterschall-Munition». Auch aus Rücksicht auf die Nachbarn.

Bei einem typischen Revolver wie etwa einer *Smith & Wesson* oder auch der berühmten *Magnum* ist selbst der beste Schalldämpfer nutzlos, denn die Lücke zwischen Revolverlauf und Patronenkammer führt dazu, dass ein erheblicher Teil der Treibgase dort entweichen kann, was maßgeblich zum Gesamtschall beiträgt. Sollten Sie also unaufschiebbare Dinge zu erledigen haben, orientieren Sie sich besser an James Bond, der bei seinen Einsätzen entweder eine *Beretta* oder eine *Walther PPK* benutzt. Beide Modelle haben keine freiliegende Munitionstrommel, sondern ein Patronenmagazin im Griff. Dadurch wird die Treibgaswolke zu 100 Prozent in den Schalldämpfer überführt.

Wenn Sie alles richtig gemacht haben, können Sie die Lautstärke des Pistolenknalls auf bis zu 60 Dezibel reduzieren. Das ist zwar immer noch deutlich mehr als das satte «Plopp» in den Agentenfilmen, entspricht aber wenigstens den Lärmschutzverordnungen der EU am Arbeitsplatz. Schwerhörigkeit im organisierten Verbrechen muss also keine Berufskrankheit mehr sein.

― MÜNDLICHE ZUSCHAUERFRAGE ―

WARUM SIND MANCHE RAUCHMELDER RADIOAKTIV?

Julia W. (30) aus Wittlich

In Deutschland gibt es bekanntlich eine Menge Gesetze und Regeln. Und pro Jahr kommen etwa 150 neue Verordnungen dazu. Die skurrilsten Paragraphen regeln die Bereiche Unfall und Tod. So ist laut Bundesfinanzministerium der Tod keinesfalls als «dauerhafte Berufsunfähigkeit» anzusehen. Nach § 26 Landesreisekostengesetz NRW ist die Dienstreise beendet, sofern ein Beamter während dieser stirbt. Und in der hessischen Verfassung ist nach Artikel 21, Absatz 1 immer noch die Todesstrafe verankert. Kein Witz.

Zu unserer Ehrenrettung muss man sagen, dass ein paar Gesetze durchaus vernünftig sind. Zum Beispiel müssen in den nächsten Jahren laut Bauordnung in jeder Wohnung Rauchwarnmelder installiert werden. Fehlen sie, so ist in Zukunft der Ausbruch eines Zimmerbrandes eindeutig rechtswidrig.

Um es ganz klar zu sagen: Rauchmelder sind absolut sinnvoll, denn die meisten Brandopfer sterben nicht in den Flammen, sondern ersticken am giftigen Brandrauch. Schon das Einatmen einer Lungenfüllung mit Rauchgas kann tödlich sein. Ein Brandmelder kann das weitgehend verhindern. Er registriert schon geringste Rauchmengen und stößt dann einen lauten Piepton aus. Doch wie funktioniert so ein Ding?

Früher arbeiteten die meisten Rauchmelder nach dem Ionisationsprinzip. Normalerweise ist die Raumluft ein ausgezeichneter elektrischer Isolator. Das ist ziemlich praktisch, denn andernfalls würden wir jedes Mal eine gewischt bekommen, wenn wir zu nah an einer Steckdose entlangliefen. Der Grund ist die chemische Zusammensetzung der Luft. Sie besteht im Wesentlichen aus Sauerstoff- und Stickstoffmolekülen. Und die besitzen – anders als Metalle – keine freien Elektronen, die den elektrischen Strom leiten können.

In einem «old school»-Rauchmelder ist nun eine winzige Portion Americium-241 eingebaut. Das ist ein radioaktives Element, das bei jedem Zerfall sogenannte Alphateilchen freisetzt, zweifach positiv geladene Heliumkerne. Und bei radioaktiven Alphatypen ist es wie bei ihren menschlichen Pendants: Sie können in ihrem direkten Umfeld beträchtlichen Schaden anrichten. Und das tun sie auch. Die emittierten Alphateilchen treffen auf die herumfliegenden Luftmoleküle und schlagen bei jeder Kollision Elektronen aus dem Molekülverbund heraus. Im Klartext heißt das: Die Luft wird in einem kleinen Bereich um den Rauchmelder herum permanent ionisiert und macht sie damit elektrisch leitfähig. Eine eingebaute Batterie liefert einen sehr schwachen elektrischen Strom, der durch die ionisierte Luft fließt. Und jetzt kommt unser Zimmerbrand ins Spiel: Sobald nämlich Rauchpartikel in die Luft gelangen, stoßen die Stickstoff- und Sauerstoff-Ionen, die um den Rauchmelder herumfliegen, mit den Rauchpartikeln zusammen und verlieren dabei ihre Ladung. Weniger geladene Moleküle bedeuten weniger Stromfluss. Ein Schaltkreis erkennt diesen Stromabfall und schlägt Alarm. Ein geniales Prinzip, das zugegebenermaßen auch ein paar Nachteile hat: Zum einen haben viele Menschen aus verständlichen Gründen eine Abneigung gegen Radioaktivität. Besonders im eigenen Schlafzimmer. Auch wenn die Menge an Americium-241 denkbar gering und gesundheitlich unbedenklich ist, fühlen sich viele durch den gelb-schwarzen Warnaufkleber in ihrer Intimsphäre gestört.

Zum anderen hat ein solcher Ionisationsrauchmelder eine begrenzte Lebensdauer. Americium-241 hat nämlich eine Halbwertszeit von 432 Jahren. Wenn Sie sich also heute so ein Ding an die Zimmerdecke dübeln, funktioniert es zwar auch nach rund 400 Jahren noch einigermaßen. Aber schon um das Jahr 3500 herum ist die Radioaktivität so weit abgesunken, dass der Rauchmelder selbst ohne jeden Rauch Alarm auslöst. Spätestens dann empfehle ich, das Gerät auszutauschen. Denn immerhin kann ein falscher Alarm sogar Tote aufwecken. Außerdem reagiert der radioaktive Rauchmelder – selbst wenn Americium-241 frisch aufgefüllt ist – auf den Rauch von Schwelbränden eher schlecht.

Diese nachteiligen Eigenschaften haben dazu geführt, dass man in den letzten Jahren bei Rauchmeldern vermehrt auf ein anderes, etwas eleganteres Prinzip zurückgreift. Inzwischen arbeiten die meisten Geräte, die in Wohnräumen eingesetzt werden, mit dem sogenannten Streulichtverfahren: In einer lichtdichten Kammer strahlt eine Leuchtdiode. Dringt nun Rauch in die Kammer ein, wird das Licht der Diode durch die Rauchpartikel gestreut und auf eine Fotozelle abgelenkt. Ein Prozessor löst daraufhin einen elektrischen Impuls aus, und das Gepiepe geht los. Jetzt heißt es: Katze, Versicherungspolicen und Briefmarkensammlung unter den Arm klemmen und raus aus der Wohnung!

―――― PER POST ――――

WAS PASSIERT IN EINEM TEILCHENBESCHLEUNIGER?

Annika F. (18) aus Würzburg

Als 2009 der Film *Illuminati* mit der attraktiven Teilchenphysikerin Vittoria Vetra in die Kinos kam, stellten sich die Kinobesucher eine Reihe interessanter Fragen: Wird im CERN wirklich Antimaterie hergestellt? Kann man damit den Vatikan zerstören? Und gibt es in einem Kernforschungszentrum tatsächlich so unglaublich attraktive Teilchenphysikerinnen?

Tatsache ist: Der *Large Hadron Collider* am Genfer CERN ist die komplizierteste und teuerste Apparatur, die je von Menschenhand gebaut wurde. Und im Gegensatz zum Berliner Flughafen funktioniert sie auch einigermaßen. In einem 27 Kilometer langen Ringtunnel, der 50 Meter unter der Erde entlangläuft, werden mit Hilfe von immens starken elektrischen und magnetischen Feldern Protonen beschleunigt. Nach jedem Umlauf holt sich das Proton quasi einen gut getimten Tritt in den Hintern ab und kommt dadurch eine Runde weiter. Eine Idee, die in der Sendung «Deutschland sucht den Superstar» gnadenlos abgekupfert wurde (und den Gag habe *ich* wiederum von meinem geschätzten Physiker-Kollegen Boris Lemmer abgekupfert).

Nach mehreren zehntausend Umläufen – wenn die Protonen nahezu Lichtgeschwindigkeit erreicht haben – lässt man sie aufeinanderprallen. Dabei sollen unter anderem die Vorgänge während des Urknalls simuliert werden. Das ganze Projekt kostet insgesamt mehrere Milliarden Euro. «Puhh ...», mögen da jetzt einige von

Ihnen denken, «kann man für das Geld nicht etwas anderes erforschen???» Immerhin hatten wir den Urknall ja schon mal. Und wir wissen sogar, was dabei herauskam: etwa 150 Milliarden Galaxien, unser Sonnensystem und ein Planet mit Andrea Berg, dem Dschungelcamp und einem Internetportal, in dem Katzenvideos fünf Millionen Klicks bekommen.

Warum also tun Teilchenphysiker das, was sie tun? Und wieso ist das alles so unfassbar teuer und aufwendig? Im CERN geht es um nichts Geringeres als um die Frage, was die Welt im Innersten zusammenhält. Bis in die 60er Jahre hinein waren die Wissenschaftler davon überzeugt, dass jede Form von Materie aus nur drei verschiedenen Teilchen besteht: Protonen, Neutronen und Elektronen. Aus diesen kleinsten Grundbausteinen, so dachte man, ist alles in unserem Universum aufgebaut: Sterne, Planeten, DVD-Recorder, ja sogar Andrea Berg. Doch dann setzten sich ein paar kluge theoretische Physiker hin, rechneten sich die Gehirnwindungen wund und fanden heraus, dass es noch viel kleinere Elementarteilchen geben muss. Ein Proton zum Beispiel sollte nach ihren Berechnungen aus drei sogenannten Quarks aufgebaut sein. Das Problem an der Sache: Quarks sind mit herkömmlichen Methoden nicht nachweisbar. Sie sind so klein, dass kein Mikroskop der Welt stark genug ist, um sie zu beobachten. Und hier kommt der Teilchenbeschleuniger ins Spiel: Mit seiner Hilfe lässt man die Protonen aufeinanderkrachen in der Hoffnung, dass die Dinger auseinanderbrechen. Boris Lemmer vergleicht das Ganze mit einem Überraschungs-Ei: Wenn ich wissen will, was drin ist, muss ich das Ding kaputt machen.

Im Gegensatz zu einem Überraschungs-Ei ist ein Proton jedoch ziemlich stabil. Die Quarks, aus denen es aufgebaut ist, sind nicht nur extrem klein, sondern auch so unfassbar stark aneinander gebunden, dass man extrem viel Energie aufwenden muss, um die Bindungen zwischen ihnen zu zerstören. Ich will Sie nicht mit Zahlen langweilen, aber man benötigt bei Protonen, die mit 99,999 Prozent der Lichtgeschwindigkeit unterwegs sind, rund eine Milliarde perfekter Protonen-Kollisionen, damit es ein einziges Mal zu der ersehnten Aufspaltung in die drei Quarks kommt. Einen Treffer auf eine Milliarde Kontakte – das ist eine Quote, bei der selbst *Parship* pleitegehen würde.

Doch man hat es geschafft! Inzwischen ist die Existenz von Quarks durch viele Experimente in Teilchenbeschleunigern eindeutig bewiesen. Deshalb stellt die größte Herausforderung am *Large Hadron Collider* im CERN die Suche nach einem noch schwerer nachzuweisenden Teilchen dar: dem ominösen Higgs-Boson! Das ist ein Baustein, der dafür verantwortlich ist, dass es überhaupt Masse gibt. Bildlich kann man sich den Higgs-Mechanismus als eine Party von Journalisten nach einem kalten Buffet vorstellen. Alle stehen mehr oder weniger gelangweilt im Raum herum. Dann kommt durch die Türe eine Person herein, für die sich niemand der Anwesenden wirklich so richtig interessiert. Tony Marshall zum Beispiel. Oder Christian Wulff. Diese Personen können den Raum in jeder beliebigen Geschwindigkeit durchqueren, ohne dass sich die Atmosphäre wesentlich verändert. Wenige Minuten später jedoch betritt plötzlich Madonna den Raum. Und schlagartig ist die Atmosphäre eine völlig andere! Sämtliche Journalisten sind in heller Aufregung, bilden eine Menschentraube um die Pop-Queen und halten sie dadurch auf. Das Journalistenfeld verleiht also der 1,60 kleinen unscheinbaren, leichtgewichtigen Sängerin eine immense Bedeutung. So ähnlich, vermuten Teilchenphysiker, verschafft auch der Higgs-Mechanismus den Elementarteilchen Masse.

Higgs-Bosonen sind extrem schwer zu detektieren. Wenn der *Large Hadron Collider* in Betrieb ist, rauschen pro Sekunde 40 Millionen Protonenpakete aufeinander. Und jedes dieser Pakete besteht aus 100 Milliarden Protonen! Aufgezeichnet wird das

Ganze von vier riesigen Detektoren. Die Datenmengen, die dort pro Sekunde auflaufen, sind immens. Und «immens» ist hierbei noch ganz schön untertrieben. Dagegen ist selbst der iTunes-Download Ihres pubertierenden Sohnes ein Kindergeburtstag.

Doch das Schlimmste: Irgendwer muss die Daten ja auch noch auswerten. Die Informationen, die die Detektoren liefern, sind vergleichbar mit Unfallfotos nach einer Massenkarambolage. Dort versucht die Polizei ja auch, den Hergang aufgrund von Bremsspuren, Schäden und Lage der Fahrzeuge zu rekonstruieren. Die 3000 am CERN beschäftigten Teilchenphysiker haben es ungleich schwerer, denn sie müssen aus einem Wust von Milliarden von Karambolagen genau diejenigen herausfinden, für die sie sich interessieren. Und anscheinend hatten sie damit Erfolg. Am 4. Juli 2012 gab CERN-Forschungsdirektor Sergio Bertolucci tatsächlich die Entdeckung des so lange gesuchten Higgs-Bosons bekannt. Ein weiterer, großer Schritt, die Geheimnisse der Natur zu verstehen. Nach der attraktiven Teilchenphysikerin wird übrigens noch fieberhaft gesucht.

― PER MAIL ―

WAS IST EIN PS?

Carsten M. (38) aus Neuss

Der entscheidende Faktor für die Entwicklung der menschlichen Zivilisation ist die Nutzbarmachung von Energie. Jahrtausendelang musste der Mensch nur mit Hilfe seiner eigenen Muskelkraft mühsam über die Runden kommen. Und das ging buchstäblich auf die Knochen. Knochenanalysen unserer Vorfahren zeigen enorme Abnutzungserscheinungen, hervorgerufen durch die erdrückende Last des täglichen Überlebens: Steine schleppen, Mammuts jagen, stundenlang Faustkeile bearbeiten. Der 30-jährige Frühmensch hatte kein Burnout, sondern einen kaputten Rücken.

Vor etwa 10 000 Jahren dann – kurz nach dem Ende der letzten Eiszeit – hatten es die Menschen endgültig satt, alleine die Drecksarbeit zu machen. Sie entwickelten Landwirtschaft, zähmten Pferde und spannten sie vor den Karren. Damit kamen sie lange Zeit ziemlich gut klar.

1782 stellte der schottische Mechanikstudium-Abbrecher James Watt in England ein kohlebetriebenes Ungetüm vor, das das Pferd gewissermaßen in die Tasche steckte. Watt entwickelte die von Thomas Newcomen erfundene Dampfmaschine weiter, sodass sie erheblich mehr leisten konnte als ein durchschnittlicher Gaul. Und das auch noch ohne Murren, Hafer und dampfenden Pferdemist.

Trotzdem wollte keiner so recht Watts steinkohlebetriebene Wundermaschine kaufen. Logisch, denn das Pferd war zur damaligen Zeit als Energieversorger der absolute Marktführer, quasi das

Red Bull des 18. Jahrhunderts. Geschicktes Marketing war angesagt. Also ging der umtriebige Watt in eine Mühle und berechnete genau, welche durchschnittliche Leistung so ein Arbeitspferd erbringt. Sein Hintergedanke war einfach, aber genial: Wenn die Menschen erst mal schwarz auf weiß sehen, in welchem Maße meine Erfindung dem Pferd überlegen ist, kann sich der blöde Gaul vom Acker machen!

Gesagt, getan. Seiner Kalkulation legte Watt den Wert zugrunde, wie oft ein handelsübliches Pferd über einen gesamten Arbeitstag von zehn Stunden einen schweren Mühlstein im Kreis drehen kann, ohne vor Erschöpfung zusammenzubrechen. Dabei ergab sich eine durchschnittlich nutzbare Leistung von 75 Kilopondmeter pro Sekunde. Eine damals gebräuchliche Einheit, die nichts anderes bedeutet als die Leistung, die erbracht werden muss, um einen 75 Kilogramm schweren Körper in einer Sekunde um einen Meter hochzuheben. Und diese Leistung definierte James Watt als eine Pferdestärke. Das PS war geboren!

Kurzfristig kann ein Pferd selbstverständlich sehr viel mehr PS leisten. Beim schnellen Ziehen einer Kutsche oder beim Springreiten kann seine Leistung gut und gerne auf über 20 PS steigen. Das wusste natürlich auch James Watt. Aber diese Information hätte ganz und gar nicht in sein Marketingkonzept gepasst. Denn mit einem Wirkungsgrad von 3 Prozent, einer Drehzahl von 46 Umdrehungen pro Minute und einem Dampfdruck von 1,5 bar leistete Watts erste industriell gefertigte Dampfmaschine immerhin stolze 13 PS! Leistungswerte, über die heutzutage jeder Espressomaschinenbesitzer müde lächelt. Doch für die damalige Zeit war das sensationell. Ein schlagendes Argument für die Verfechter der beginnenden industriellen Revolution. Praktisch über Nacht war das Pferd vom Marktführer zum Auslaufmodell verdammt. 70 Jahre lang übernahm die Dampfmaschine das Ruder. Man benutzte sie in Lokomotiven, Fabriken, Schiffen und Bergwerken.

James Watt wurde zum gefeierten Helden. Ohne seinen Dampf ging im 19. Jahrhundert gar nichts. So lange, bis ein unbedeutender Kaufmann aus dem Taunus die Grundlage für den ersten Verbrennungsmotor legte: Nicolaus August Otto. Aber das ist wieder eine ganz andere Geschichte ...

― PER MAIL ―

WIE FUNKTIONIERT EIN LASER?

Franziska T. (14) aus Hamburg

Oft wird uns Physikern vorgeworfen, wir hätten keinen Humor. Doch das stimmt nicht. Als ich in meinem Studium zum ersten Mal in ein Physiklabor kam, sah ich ein Schild mit der Aufschrift: «Bitte nicht mit dem verbleibenden Auge in den Laser gucken!» Ja, es wird sehr viel gelacht in den Naturwissenschaften.

Heute findet man Laser in vielen modernen Geräten. Sie tasten DVDs ab, drucken Word-Dateien oder scannen Lebensmittel. Laserstrahlen bohren, schneiden, schweißen, befestigen Netzhäute, bleachen Zähne oder veröden Krampfadern. In *James Bond*-Filmen werden sogar ganze Raumschiffe und Unterseeboote mit Laserstrahlen zerstört, und bei *Star Wars* töten dunkle Mächte unliebsame Gegner mit Laserschwertern. Schlimmer ist nur noch, von seinem Chef in stinklangweiligen PowerPoint-Präsentationen mit einem Laserpointer gequält zu werden. Gespenstisch! Es würde mich nicht wundern, wenn die Lasertechnologie irgendwann sogar in Frühstücksflocken oder bei der Kindererziehung eingesetzt werden würde.

Was aber steckt technisch dahinter? Oder anders gefragt: Was unterscheidet Laserlicht vom Licht einer herkömmlichen Glühbirne? Immerhin bestehen ja beide aus denselben Lichtteilchen – auch Photonen genannt. Eine 100-Watt-Glühbirne (die Älteren von Ihnen werden sich noch flüchtig daran erinnern) sendet pro Sekunde immerhin 10^{18} Photonen aus. Eine unvorstellbare Zahl: Sie ist eine Million Mal größer als die Schuldensumme Deutschlands! Trotzdem ist das Licht der Glühbirne nicht sonderlich effizient. Es erhellt die Umgebung zwar einigermaßen, aber man kann mit ihm weder Lichtschranken betreiben noch Pigmentflecken entfernen. Das liegt daran, dass sich die ausgesandten Lichtteilchen eines Glühfadens ziemlich unkooperativ verhalten. Wenn man Photonen sich selbst überlässt, dann machen sie, was sie wollen. Sie schwingen vollkommen unkoordiniert im Raum herum, ohne sich groß um die anderen Kollegen zu kümmern. Ein chaotisches, ungeordnetes Tohuwabohu. Ungefähr wie die Zuschauer bei einem langweiligen Bundesligaspiel: Die einen holen sich Bier, die anderen diskutieren über den ukrainischen Neuzugang, wieder andere motzen genervt über den Schiedsrichter. Alles in allem eine extrem energiearme Partie.

Plötzlich aber bricht der neue Ukrainer durch, dribbelt sich frei und zieht aus 20 Metern ab – genau in den linken oberen Winkel. «TOOOOOOR», grölen auf einmal 60 000 Zuschauer wie aus einer Kehle, und das ganze Stadion erzittert. Genau das ist das Prinzip eines Lasers: Alle schreien auf einmal «Tor», statt wild durcheinanderzuquatschen.

Im Gegensatz zur Glühbirne sind die Lichtteilchen beim Laser also im absoluten Gleichklang. Realisiert wird dies durch eine sogenannte stimulierte Emission, ein Phänomen, das Albert Einstein schon 1916 entdeckte. Doch erst 1960 wurde seine Idee von dem kanadischen Wissenschaftler Theodore Maiman technisch umgesetzt und der erste funktionsfähige Laser gebaut. Alles, was man dazu benötigt, ist ein Medium in erregtem, aufgepumptem Zustand (keine Angst, es bleibt jugendfrei!). Beschießt man eine geeignete Lasersubstanz wie etwa Chrom oder Stickstoff mit bestimmtem Licht, werden die Atome in einen angeregten Zustand versetzt und senden Photonen aus. Führt man noch mehr Energie zu, stoßen die Photonen auf weitere Atome, die ihrerseits Lichtteilchen ausstrahlen. Um diesen Vorgang zu intensivieren, befindet sich die Lasersubstanz zwischen zwei Spiegeln. Dadurch werden die Photonen permanent hin- und hergejagt und erzeugen dabei in einem gewaltigen Lawineneffekt immer mehr Lichtteilchen. Da ein Spiegel minimal durchlässig ist, kann ein Teil des erzeugten Lichtes nach außen treten: der berühmte Laserstrahl. Er besteht aus konzentrierten, gebündelten Photonen gleicher Wellenlänge, die zudem noch im absoluten Gleichtakt schwingen. Ähnlich wie eine Truppe Soldaten, die im Gleichschritt über eine Brücke marschieren. Deshalb ist Laserlicht wesentlich leistungsfähiger als das Licht einer Glühbirne, die Lichtteilchen verschiedener Wellenlängen in alle Raumrichtungen ausstrahlt.

Übrigens: Der Begriff «Laser» ist ein Akronym, eine Abkürzung für **L**ight **A**mplification by **S**timulated **E**mission of **R**adiation. Ich sage das nur, falls Sie auf der nächsten Party während der Lasershow ein bisschen mit Fachwissen protzen wollen.

— PER POST —

WARUM IST EIN ELEKTRISCHER WEIDEZAUN UNGEFÄHRLICH?

Frank T. (55) aus Wolfen

Vor einiger Zeit berichteten Ornithologen, dass in Deutschland immer mehr Singvögel täuschend echt die Klingeltöne von Handys imitieren. Vereinzelt wurden die Vögel sogar dabei beobachtet, wie sie in elektrische Weidezäune flogen. Vermutlich, um zusätzlich zu vibrieren.

Doch keine Angst, lebensgefährlich ist das für die Tiere nicht. Ich weiß das aus eigener Erfahrung. Schon als Kind habe ich mich sehr für Forschung und Technik interessiert. Mit zehn Jahren habe ich tatsächlich auf einen elektrischen Weidezaun gepinkelt, um das Ohm'sche Gesetz zu überprüfen. Eine spannende Erfahrung. Immerhin liegen an so einem Weidezaun bis zu 10 000 Volt. Dass ich das überlebt habe, liegt jedoch nicht unbedingt daran, dass Singvögel und Odenwälder ziemlich hart im Nehmen sind, sondern an der Physik.

Der Stromkreis eines Weidezauns ist offen. Das bedeutet, dass sich der Pluspol am Weidezaun selbst befindet, der Minuspol ist über einen Erdnagel mit dem Boden verbunden. Findet der Strom ein leitendes Medium zur Erde – einen Vogel, ein Pony oder eben auch mich –, schließt sich der Kreis, und der Strom fließt auf schnellstem Weg durch den Körper über den Erdnagel zur Erde zurück. Während meines damaligen Weidezaunversuchs floss durch mich also Strom. Warum aber kann ich jetzt trotzdem noch hier sitzen und Texte über Weidezäune schreiben?

Entscheidend für die Gefährlichkeit von elektrischem Strom ist die Kombination aus Spannung, Stromstärke und der Zeitdauer, die der Strom auf den menschlichen Körper einwirkt. Vereinfacht können wir uns elektrischen Strom wie einen Wasserfall vorstellen: Die Höhe des Wasserfalls entspricht der elektrischen Spannung, die in Volt gemessen wird. Die Wassermenge, die pro Sekunde hinunterrauscht, entspricht der Stromstärke, die in Ampere angegeben wird.

Übrigens: Die Einheit «Volt» hat nichts mit dem französischen Philosophen Voltaire zu tun, sondern stammt von Alessandro Volta, einem italienischen Physiker, der die Batterie erfand. Die Einheit Ampere dagegen hat französische Wurzeln und ist nach dem Physiker André-Marie Ampère benannt. Hüten Sie sich jedoch davor, in geselliger Runde den Satz «Ach, meine Tochter geht jetzt für ein halbes Jahr als Ampère nach Paris ...» fallen zu lassen. Damit hat der gute André-Marie rein gar nichts zu tun.

Zurück zu unserem Wasserfall-Beispiel. Klar ist, dass die Gewalt, die ein Wasserfall hat, sowohl von seiner Höhe als auch von der Wassermenge abhängt, die er mit sich führt. Sind es nur ein paar mickrige Tropfen, kann er noch so hoch sein – er wird keinen großen Schaden verursachen. Ein elektrischer Weidezaun entspricht genau einem solchen Wasserfall mit großem Höhenunterschied und geringer Wassermenge. An ihm liegt eine sehr hohe Spannung von 2000 bis 10 000 Volt. Diese ist nötig, um sehr große Zaunlängen von mehreren Kilometern überbrücken zu können. Der bei einem Kontakt fließende Strom ist jedoch extrem gering und liegt typischerweise bei 10 bis 20 Milli-Ampere. Eine Strom-Spannungs-Kombination also, die für einen Menschen ungefährlich ist. Und für ein Rindvieh, das daran schnuppert, erst recht. Für kleinere Tiere wie Spinnen oder Insekten kann so ein Weidezaun allerdings durchaus zur tödlichen Falle werden. Aber ein bisschen Schwund ist immer.

Um das Verletzungsrisiko für Mensch und Tier weiter zu minimieren, hat ein elektrischer Weidezaun sogar Taktgefühl. Die Weidezaungeneratoren sind so getaktet, dass sie nur einmal pro Sekunde einen sehr kurzen Strom-Spannungs-Impuls abgeben. Damit soll verhindert werden, dass die ohnehin schon geringe Strommenge, die durch meinen Körper fließt, gesundheitliche Schäden anrichtet. Durch den Stromstoß ziehen sich die Muskeln nur kurz zusammen, um darauf sofort wieder zu entspannen. Wäre der Stromkontakt länger, würden unsere Muskeln unter Umständen richtig verkrampfen, was bei Herz- und Lungenmuskulatur ernste Folgen haben könnte.

Den Trick der kurzen Einwirkzeit nutzt man übrigens auch beim sogenannten FI-Schutzschalter, einem elektronischen Bauteil, das inzwischen in jedem modernen Sicherungskasten eingebaut ist. Mit seiner Hilfe wird gemessen, ob über das Stromkabel genauso viel Strom hinein- wie hinausfließt. Fällt Ihnen zum Beispiel «aus Versehen» der Föhn ins Badewasser Ihrer Ehefrau, so registriert der FI-Schutzschalter, dass über das Stromkabel weniger Strom in den Föhn hinein- als herausgeflossen ist. Folglich muss der Differenzbetrag irgendwo anders sein Unwesen treiben. Daher kappt der Schalter innerhalb von Sekundenbruchteilen die Stromzufuhr. Obwohl die Stärke des Stroms also locker ausreichen würde, um Ihre Gattin ins Jenseits zu befördern, ist der Impuls viel zu kurz, um ihr etwas anhaben zu können. Sollten Sie also vorhaben, sich uncharmant von Ihrer Ehefrau zu trennen, ziehen Sie vorher auf jeden Fall in eine Altbauwohnung mit vorsintflutlichem Sicherungskasten.

PER MAIL

IST DIE TEFLONPFANNE EIN ABFALLPRODUKT DER RAUMFAHRT?

Annegret S. (58) aus Nürnberg

1938 war eine echte Sternstunde der Wissenschaft. Man entwickelte das LSD, den Kugelschreiber und den Fotokopierer. Die spektakulärste Erfindung aber war eine chemische Verbindung, die den eher unspektakulären Namen «Polytetrafluorethylen» trug, im Volksmund auch «Teflon» genannt.

Obwohl man Teflon inzwischen in praktisch jedem Haushalt finden kann, ist es eigentlich der Autist unter den chemischen Verbindungen. Ein ungeselliges Polymer, das jede Dauerfreundschaft mit wem oder was auch immer ablehnt. Aber dazu später mehr.

Entdeckt wurde der chemische Eigenbrötler durch reinen Zufall: Am 6. April 1938 (es war ein Mittwochmorgen, falls Sie es genau wissen wollen) öffnete Roy Plunkett, der bei DuPont als Chemiker beschäftigt war, eine Stahlflasche mit dem Gas Tetraflourethylen. Ursprünglich wollte der 27-Jährige das Gas mit Salzsäure verbinden, um so ein neues Kältemittel herzustellen. Aber es kam anders. Durch ein Missgeschick strömte ein Großteil des Gases aus, und ein kleiner, unscheinbarer Rest blieb zurück. Und zwar in Form eines eigenartigen, weißen Pulvers. Offenbar hatte sich das Tetrafluorethylen durch eine selbständige chemische Reaktion, eine Polymerisation, in Polytetrafluorethylen umgewandelt.

Im ersten Moment war Plunkett genervt, denn Tetraflourethylen ist ziemlich teuer. Und außerdem sind Wissenschaftler immer genervt, wenn Versuche nicht genau so ablaufen, wie sie eigentlich ablaufen sollen. Weil der Mittwochmorgen eh schon versaut war, begann Plunkett, das weiße Pulver näher zu untersuchen. Seine Analysen zeigten, dass der Stoff aus Ketten von je 100 000 Kohlenstoffatomen bestand, jedes davon zusätzlich mit zwei Fluoratomen verknüpft. Und weil Plunkett so richtig in Fahrt war, schmiss er es in sämtliche chemische Lösungen, die er im Labor finden konnte. Doch das merkwürdige Pulver zeigte sich davon komplett unbeeindruckt. Selbst Königswasser – ein teuflisches Gemisch aus Salz- und Salpetersäure – konnte dem Fluorpolymer nichts anhaben.

Was aber tut man mit einem Stoff, der sich für rein gar nichts interessiert? Das fragte sich auch die Geschäftsleitung von DuPont, lächelte süßsauer und verbannte das Pulver ins Firmenarchiv. Dort dümpelte es dann einsam und verlassen mehrere Jahre vor sich hin. Was nicht schlimm war, denn Polytetrafluorethylen legt ja, wie erwähnt, sowieso keinen großen Wert auf Gesellschaft.

Erst 1943 erinnerte man sich wieder an den chemischen Sonderling. Zu dieser Zeit experimentierten die Väter der Atombombe mit Uranhexaflourid. Ein extrem unfreundlicher, aggressiver Stoff, der alle Behälter und Leitungen, mit denen er in Berührung kam, innerhalb kürzester Zeit zerstört. Nun schlug die große Stunde des Teflons. Man holte es aus dem Keller, beschichtete damit die Rohrleitungen, und die Arbeiten am «Manhattan-Projekt» konnten weitergehen. Traurig, aber wahr: Ohne die Erfindung des Teflons wären höchstwahrscheinlich Hiroshima und Nagasaki nie zerstört worden.

Und mit dieser Geschichte ist gleichzeitig auch ein großer Mythos rund um die Teflonpfanne zerstört, denn viele Menschen sind der festen Überzeugung, Teflon sei ein Abfallprodukt aus der Raumforschung. Am 20. Juli 1969 hinterließ Neil Armstrong seine berühmten Schuhabdrücke auf dem Mond: «Ein großer Schritt für die Menschheit und ein noch größerer für die Bratpfanne!» Doch das ist – wie Sie jetzt wissen – falsch.

Die berühmte Teflonpfanne haben wir definitiv nicht der Raumfahrt zu verdanken. Warum auch? Wer schon mal versucht hat, in der Schwerelosigkeit ein Steak scharf anzubraten, weiß, was für eine Sauerei das macht – ob mit oder ohne Teflon-Beschichtung.

Tatsächlich brutzelten zum Zeitpunkt der Mondlandung schon zehn Jahre lang Steaks unter normalen Gravitationsverhältnissen in den Wunder-Pfannen. Die Idee dazu hatte ein Franzose. In den 50er Jahren hörte der Pariser Chemiker Marc Grégoire von der schlüpfrigen Substanz, experimentierte mit ihr herum und produzierte und vertrieb bald darauf unter dem Namen *Tefal* binnen weniger Jahre über eine Million Pfannen und Töpfe mit Antihaftbeschichtung.

Heute begegnet uns Teflon in zahllosen Materialen: in *Goretex*-Bekleidung, Abdeckplanen, Sitzbezügen, Zahnseide oder Dichtungsbändern. Ganz schön kontaktfreudig für eine im Grunde genommen so ungesellige Substanz, oder?

Ach ja, giftig ist Teflon für uns übrigens nicht. Wenn Sie zufälligerweise mit einem Messer einen dünnen Teflonkrümel in Ihrer Pfanne abkratzen, müssen Sie nicht befürchten, abzukratzen. Ihr Magensaft hat auf den Antihaft-Krümel dieselbe Wirkung wie das von Roy Plunkett benutzte Königswasser: keine.

PER MAIL

WORAUS BESTEHT EINE FLAMME?

Sara P. (23) aus Flensburg

Schauen wir zunächst beim allwissenden Wikipedia nach: «Als Flamme wird der Bereich brennender oder anderweitig exotherm reagierender Gase und Dämpfe bezeichnet, in dem Strahlung im sichtbaren Spektralbereich emittiert wird.»

Na ja. Sooo viel kann man sich darunter auch nicht wirklich vorstellen. Deswegen fange ich einfach mal ganz von vorne an. UND GOTT SPRACH: «ES WERDE LI...» Okay, okay, vielleicht doch besser einen kleinen Tick später. Wie Wikipedia schon sagt, ist eine Flamme nichts weiter als ein Raumbereich, in dem eine chemische Reaktion stattfindet. Aber was genau reagiert da mit wem? Der wichtigste Reaktionspartner ist der Sauerstoff in der Luft. Ohne Sauerstoff gibt es keine Flamme. Genau deswegen kann man ein Feuer auch ersticken.

Damit aber eine Flamme entsteht, müssen noch andere Stoffe vorhanden sein. Kohlenstoff und Wasserstoff zum Beispiel. Aus diesen Elementen bestehen praktisch alle brennbaren Materialien wie Holz, Wachs, Benzin, Gas oder Öl. Wenn sich der Sauerstoff mit dem Kohlenstoff und dem Wasserstoff verbindet, entsteht eine Flamme. Dazu müssen die drei logischerweise irgendwie in Kontakt kommen. Und das ist gar nicht so leicht, denn der Luftsauerstoff ist ziemlich reaktionsträge. Der macht keinerlei Anstalten, in einen Festkörper wie Holz oder in eine Flüssigkeit wie Benzin einfach so einzudringen, um mit dem Wasserstoff und dem Kohlenstoff eine Ménage-à-trois zu veranstalten (Sie können auch «flotter Dreier» dazu sagen, aber ich finde, im Französischen klingt es wesentlich eleganter.) Aber wenn der Prophet nicht zum Berg bzw. zum Holz kommt und wir trotzdem ein wärmendes Feuer entfachen wollen, dann muss eben der Berg zum Propheten. Sprich: Die Atome im Holz müssen ihre feste Bindung aufgeben, damit mit dem Sauerstoff ein romantisches Tête-à-Tête zustande kommt. Will man das Rendezvous richtig heiß, macht man dem Holz einfach Feuer unter dem Hintern. Steigt die Temperatur dann auf über 500 Grad Celsius, brechen die stabilen Kohlehydrat-Verbindungen im Holz und spalten sich auf in Kohlenstoff und Wasserstoff (in der Chemie bezeichnet man diesen Prozess ganz unromantisch als «Pyrolyse»).

Nun steht einer Amour fou mit den Sauerstoffatomen nichts mehr im Wege. Sobald die ersten Hemmungen gefallen sind, kommt es bei den drei Akteuren zu knisternden Reaktionen. Das Gasgemisch strahlt blaues Licht ab, weil die Elektronen der verschiedenen Atome aufgrund der hitzigen Atmosphäre in höhere Energiezustände angeregt werden. Beim Zurückspringen in den Grundzustand wird Energie in Form von blauem Licht frei.

Der zweite entscheidende Vorgang in dem chaotischen Gasgemisch ist die Oxidation. Wasserstoff-, Kohlenstoff- und Sauerstoffatome haben die Tendenz, sich in intimen Dreier-Konstellationen zu arrangieren. Zwei Wasserstoffatome und ein Sauerstoffatom bilden ein Wassermolekül; ein Kohlenstoff und zwei Sauerstoffatome verbinden sich zu Kohlendioxid. Und im Gegensatz zu uns Menschen sind diese Dreierverbindungen extrem stabil und langlebig. Die Bildung von Wasser und Kohlendioxid ist auch der Grund, weshalb wir uns an einer Flamme den Finger verbrennen. Die Wasser- und Kohlendioxidmoleküle haben eine hohe Bewegungsenergie, die sie an die Moleküle Ihres Fingers abgeben. Ich bin sicher, dieses spannende Experiment haben Sie in Ihrer Kindheit alle schon einmal durchgeführt.

Doch wie im normalen Leben gibt es natürlich auch in unserer Flamme Beziehungsverlierer. So gehen in Bereichen, in denen nicht genug Sauerstoffatome vorhanden sind, die Kohlenstoff-Atome leer aus. Sie bleiben gewissermaßen Single. Und Singles haben die Tendenz, sich mit anderen Leidensgenossen zusammenzurotten. Was sollen sie auch sonst groß machen? Man trifft sich, zieht gemeinsam durch die Gegend und rußt sich am Wochenende zu. Genauso wie in der Flamme auch. Deswegen werden wahrscheinlich die verbleibenden Kohlenstoffpartikel auch als Ruß bezeichnet. Viele davon sind über ihren Status so frustriert, dass sie sich nicht nur schwarz-, sondern sogar bis zur Weißglut ärgern. Die winzigen unverbrannten Kohlenstoffpartikel glühen aufgrund der Hitze gelb und werden von der heißen Luftströmung aufwärtsgesogen. Und genau das ist der Grund, weshalb Flammen einen weißlich-gelben Rand haben.

MÜNDLICHE ZUSCHAUERFRAGE

WARUM HAT DER PFAU EIN RAD?

Karim B. (19) aus Berlin

Die Natur ist faszinierend und rätselhaft. Laubenvögel errichten aufwendige Bauten, die weit über das hinausgehen, was sie effektiv brauchen. Gazellen hüpfen – anstatt so schnell wie möglich vor dem Löwen zu fliehen – auf idiotische und kräftezehrende Weise vor seiner Schnauze herum. Und Pfauen schleppen mühsam prächtige, aber scheinbar nutzlose Schwanzfedern mit sich herum, die sie im normalen Tagesablauf behindern und darüber hinaus noch unglaubliche Stoffwechselreserven benötigen. Was will uns die Evolution nur damit sagen? Zeichnen sich die Sieger im darwinistischen Fitnessrennen nicht eigentlich dadurch aus, dass sie mit ihren Ressourcen möglichst effizient umgehen? Müsste nicht alles Überflüssige und Unnötige von der Evolution wegrationalisiert werden?

Der Pfau sieht das offenbar ganz anders. Schuld sind – wie so oft – die Weibchen. Pfauendamen sind nämlich richtige Luxus-Miezen. Stehen zwei Hähne zur Wahl, so bevorzugen die Damen in der Regel denjenigen, der mit den meisten Pfauenaugen protzen kann.

Eine schlüssige Erklärung für dieses Phänomen fanden die israelischen Biologen Amotz und Avishag Zahavi. Sie ist ebenso einfach wie genial: Ressourcenaufwendiger Schmuck zeigt den Weibchen schwarz auf weiß, dass ein Männchen gute Gene haben muss. Denn nur ein gesunder, stabiler Organismus kann es sich leisten, Energie für derart nutzlose und im Grunde lächerliche Extravaganzen aufzuwenden. Schwache und kranke Tiere könnten niemals so einen fürstlichen Federschmuck hervorbringen. Und wenn doch, würden sie wahrscheinlich ruckzuck gefressen werden, weil sie bei der Flucht vor Fressfeinden über ihren dämlichen Schweif stolpern würden.

Die Theorie von Amotz und Avishag Zahavi ist in der Wissenschaft mittlerweile als das sogenannte Handicap-Prinzip bekannt: Man bindet sich ein Klotz ans Bein und läuft dann stolz damit herum, nur um zu demonstrieren, dass man ohne den Klotz noch viel fitter wäre. Eigentlich ganz schön doof. Aber intellektuell gesehen darf man die Evolution eben auch nicht überbewerten.

Natürlich hat das idiotische Rumgeprotze auch seinen Preis. In der Tierwelt gibt es zig Beispiele, dass Männchen mit ihren Prahlereien ihre Gesundheit und sogar ihr Leben aufs Spiel setzen. Biologen beobachteten, dass männliche Kolkraben aus Imponiergehabe gerne auf dem Rücken fliegen. Ähnlich wie testosterongesteuerte Dorfjugendliche, die mit ihrem tiefergelegten Mazda an Wochenenden sinnlos durch die Innenstädte cruisen. Das Problem an der Sache: Sowohl Menschen- als auch Rabenweibchen haben an solchen Kapriolen überhaupt kein Interesse (auch die Evolution ist anscheinend nicht unfehlbar). Die meisten Damen gucken bei derartigen Peinlichkeiten nämlich genervt weg. Was andererseits die Männchen nicht im Geringsten davon abhält, sich gegenseitig mit den gewagtesten Fahr- und Flugmanövern zu übertreffen. Kein Wunder, dass es dabei zu Verlusten kommt. Der Dorfjugendliche fährt seinen getunten Reiskocher in den Graben, Raben verheddern sich bei ihren Flugschauen regelmäßig in Baumkronen oder fliegen ungebremst gegen Häuserwände. Spätestens dann riskieren die Damen natürlich einen kurzen Blick. Aber ob das dann für die Jungs unbedingt von Vorteil ist?

Doch wenn Sie glauben, das Handicap-Prinzip gilt nur für Pfauen, Raben und andere geistige Tiefflieger, dann täuschen Sie sich gewaltig. Seit jeher setzen intelligente, weltgewandte, reiche Männer ihre gesamte Energie und Kreativität ein, um mit Kunst, Kultur oder ausschweifender Macht Frauen zu beeindrucken. Das Einzige, was uns vom schillernden Federvieh unterscheidet, ist die große Vielfalt von Signalen nach dem Handicap-Prinzip. Pfauen schlagen Räder, Männer kaufen sich einen Allrad. In gewisser Weise ist sogar das gesamte Weltkulturerbe ein Rumgeprotze der größten Angeber der Weltgeschichte. Schloss Versailles – wer mit sich selbst im Reinen ist, stellt sich doch nicht so eine Hütte hin! Hunderte von Zimmern, tonnenweise Stuck, aber nur *zwei* Badewannen. Und die waren für die Pferde! Natürlich sind Grabmäler wie die Cheops-Pyramide beeindruckend. Aber ein schlichter Marmorgrabstein hätte es auch getan.

PER MAIL

WAS IST DAS BESONDERE AN SCHRÖDINGERS KATZE?

Franka H. (27) aus Göttingen

Tierschützer aufgepasst! Der folgende Text könnte Ihre Gefühle verletzen. Aber ich kann Ihnen versichern: Bei dem nun beschriebenen Experiment wurde kein Tier gequält, geschädigt oder gar diskriminiert, denn es handelt sich um ein reines Gedankenkonstrukt. Und zwar mit einer Katze. Als Katzenliebhaber können Sie das Experiment auch problemlos mit einem Meerschweinchen oder einer Kakerlake durchführen. Los geht's!

Stellen Sie sich einen geschlossenen Kasten vor. In diesem Kasten sitzt eine Katze. Neben ihr befindet sich ein instabiler Atomkern, der mit einer gewissen Wahrscheinlichkeit innerhalb der nächsten Zeit zerfallen wird. Wann genau, wissen wir nicht. Der Zerfall dieses radioaktiven Atoms wird von einem Geigerzähler registriert und in einen elektrischen Impuls umgewandelt. Dieser Impuls führt dazu, dass ein Hammer auf eine gläserne Kapsel schlägt, in der sich Giftgas befindet. Das Gift tritt aus, und die Katze stirbt. Insgesamt kann man das Experiment siebenmal durchführen – kleiner Scherz.

Der Nobelpreisträger Erwin Schrödinger überlegte sich 1935 das berühmte Katzenexperiment, um zu erklären, welche absurden Phänomene in der Quantenmechanik auftreten. Er stellte die Frage: Ist die Katze tot oder nicht? Solange wir nicht nachsehen, wissen wir es nicht. Denn das radioaktive Element im Inneren zerfällt ja nur mit einer gewissen Wahrscheinlichkeit. Wir haben keine Ahnung, wann. Öffnen wir jedoch den Kasten, haben wir Gewissheit. Entweder schnurrt uns die Mieze an oder aber ...

Was zum Teufel hat das Ganze nun mit Quantenphysik zu tun? Die Quantenphysik beschreibt Vorgänge, die in extrem kleinen Dimensionen passieren, in der Welt der Elektronen, Atome und Moleküle. Einen kleinen Vorgeschmack davon haben Sie bereits auf Seite 41 bekommen. Erstaunlicherweise verhalten sich in dieser mikroskopischen Welt die Dinge vollkommen anderes, als wir das von unserer «normalen» Welt gewohnt sind: Wir werfen einen Ball gegen die Wand – und er prallt daran ab. Ein Auto fährt mit exakt 50 Kilometern pro Stunde über die Kreuzung. Ihre Frau ist entweder im Wohnzimmer – *oder* in Gütersloh. Vergessen Sie all das! Sobald wir in atomare Dimensionen vordringen, ändert sich alles. Wenn Sie zum Beispiel ein Elektron gegen eine Wand werfen, kann es diese Wand mit einer gewissen Wahrscheinlichkeit durchdringen. Es kann sich sogar gleichzeitig auf der einen und auf der anderen Seite aufhalten. Und sobald Sie seine Geschwindigkeit messen, kennen Sie seinen Aufenthaltsort nicht mehr. Das klingt nicht nur bizarr, das ist es auch. Doch wie sagte schon Niels Bohr: «Wer über die Quantentheorie nicht entsetzt ist, hat sie nicht verstanden.»

Elektronen (und andere mikroskopische Objekte) verhalten sich so seltsam, weil Elektronen keine kleinen Kügelchen sind. Genau genommen haben sie gar keine Gestalt im eigentlichen Sinn, sondern sind eine Art «stehende Materiewellen». Das ist so etwas Ähnliches wie ein elektrischer Weidezaun. Nur ohne Pfosten und ohne Draht.

Vor rund 100 Jahren war das eine dramatische Erkenntnis. Und wenn ich mir's recht überlege, ist sie das noch heute. Denn sie bedeutet, dass man in atomaren Dimensionen nie sagen kann, wo genau sich ein Teilchen befindet und wie schnell es in diesem Moment ist. Da Elektronen eine Art Welle darstellen, kann man immer nur eine gewisse Wahrscheinlichkeit angeben, mit der es sich wann wo befindet. Daher ist unter Quantenmechanikern der Satz «Treffen sich zwei Elektronen um exakt 14 Uhr am Potsdamer Platz ...» ein absoluter Brüller. Da klopfen die sich die Schenkel wund!

Schrödinger hat als einer der Ersten erkannt, dass unsere gesamte mikroskopische Welt von Zufall und Wahrscheinlichkeiten geprägt ist. Quantenmechanik ist die Theorie der Möglichkeiten. Übertragen auf unsere Katze bedeutet das: Möglicherweise lebt die Katze im Kasten noch, möglicherweise ist sie schon tot. Quantenmechanisch gesehen ist sie beides gleichzeitig! Solange man nicht reinguckt, befindet sie sich in einer Art Zwischenzustand, eine Mischform von tot und lebendig. Vielleicht kennen Sie solche Erscheinungen vom ZDF *Fernsehgarten*.

Wäre die Katze ein Elektron, wäre das ganz normal. Solange ein Elektron sich selbst überlassen ist, besitzt es sogar eine Vielzahl von möglichen Zuständen. Erst durch eine Messung (den Blick in den Kasten) nimmt es einen ganz bestimmten Zustand an. Tot oder lebendig.

Und wenn Sie das alles jetzt nicht so ganz genau kapiert haben, trösten Sie sich. Der Nobelpreisträger Richard Feynman sagte einmal über die Quantenphysik: «Ich denke, eines kann man sicher über sie sagen – niemand versteht sie.»

— PER POST —

WIE STARK IST KING KONG WIRKLICH?

Jürgen M. (50) aus Heidelberg

1933 feierte einer der größten Filmhelden der Geschichte Premiere: King Kong, ein riesiger Gorilla mit einer Vorliebe für Hochhäuser und weiße Frauen. Problemlos schleudert er Flugzeuge durch die Luft, zertrümmert ganze Häuserblocks und sprengt die dicksten Ketten. Ein Affe mit Bärenkräften. Doch wäre so etwas in der Realität überhaupt möglich?

Würde es ein Wesen wie King Kong in der Natur tatsächlich geben, wäre das Tier aufgrund seiner Abmessungen ein jämmerliches Häufchen Elend. Das klingt erstmal paradox, aber ein einziger unbedachter Schritt, und es würde sich die Beine brechen. Woran das liegt?

Vergrößert man ein Tier um das Zehnfache und behält seine Proportionen bei, nimmt logischerweise auch sein Gewicht um das vergrößerte Volumen zu, nämlich um das $10 \times 10 \times 10 = 1000$-Fache. King Kong wäre also 1000-mal schwerer als ein normaler Silberrücken. Gleichzeitig nimmt seine Kraft nur relativ zu der Stärke seiner Knochen und Muskeln zu. Die Querschnittfläche der Knochen und Muskeln erhöht sich lediglich um das $10 \times 10 = 100$-Fache. Das heißt: Ein 10-mal größerer Affe wäre zwar 100-mal stärker, würde aber gleichzeitig 1000-mal mehr wiegen. Sein Gewicht nähme also in viel größerem Ausmaß zu als seine Kraft. In Bezug auf seine Körpergröße wäre King Kong also zehnmal *schwächer* als seine mickrigen Verwandten im Zoo. Allein an seinem Körper hätte er so viel zu schleppen, dass er wohl kaum noch die Kraft hätte, halbe Innenstädte dem Erdboden gleichzumachen.

Hinzu kämen zahllose Verschleißerscheinungen wie Arthrose, Knorpelschäden und Bandscheibenvorfälle; außerdem wäre ein solcher Koloss mit großer Wahrscheinlichkeit auch ein kardiologischer Risikopatient: Da sich King Kong im Film meist aufrecht bewegt, müsste sein Herz unfassbare Pumpleistungen vollbringen, um alle Muskeln und Organe mit Sauerstoff zu versorgen – mal abgesehen davon, dass es aufgrund der schieren Größe des Riesenaffens sowieso schon auf Anschlag stünde. Nur ein kurzer Sprint, und der massige Primat würde minutenlang zur Schnappatmung übergehen. Im Film mag es elegant und kraftvoll aussehen, wie King Kong das Empire State Building hinaufklettert, doch in der Realität müsste permanent ein Ärzteteam aus Herzspezialisten, Chirurgen und Orthopäden zur Verfügung stehen, um ihn überhaupt halbwegs am Leben halten zu können. Alles in allem keine wirklich glamouröse Hollywood-Geschichte.

Je massiger ein Lebewesen ist, desto unflexibler und träger wird es zwangsläufig. Genau aus diesem Grund ist das größte bekannte Lebewesen der Erde auch kein wildes Raubtier, sondern ein unscheinbarer Pilz. Im Jahr 2000 entdeckten Forstwirtschaftler in Oregon einen Hallimasch, dessen unterirdisches Geflecht sich über neun Quadratkilometer erstreckt. Das entspricht einer Fläche von 1200 Fußballfeldern. Wer hätte das gedacht? Pilze sind die größten Geschöpfe auf unserem Planeten! Wenn Sie also wirklich mal eine überdimensionale Kreatur sehen wollen, brauchen Sie nicht ins Kino zu gehen – ein kurzer Blick ins Badezimmer einer durchschnittlichen Studenten-WG reicht völlig aus.

Was übermenschliche Kraft und phänomenale Robustheit angeht, sind winzige Tiere viel interessanter. Denn je kleiner ein Lebewesen ist, desto stärker ist es im Vergleich zu seiner Körpergröße. Ein Effekt, den man sogar beim Menschen beobachten kann. Fliegengewichtheber können etwa das Dreifache ihres Körpergewichts stemmen, während die großen Schwergewichtler gerade mal das Doppelte schaffen. Noch beeindruckender sind Insekten. Ameisen wiegen selbst nur rund zehn Milligramm, schleppen aber locker das Vierzigfache ihres Gewichts mit sich herum.

Am spektakulärsten jedoch ist die in den Tropen beheimatete Hornmilbe. Mit einer Größe von nur 0,8 Millimetern kann sie das 1200-Fache ihres eigenen Körpergewichts tragen. Um sich festzuhalten, kann das Spinnentier mit seinen Klauenmuskeln eine Kraft von bis zu 1170 Kilonewton pro Quadratmeter aufbringen. Da wird selbst der stärkste Pitbull neidisch.

Warum die Milbe über diese Superkräfte verfügt, weiß kein Mensch. Auf jeden Fall gilt sie als stärkstes Tier weltweit und hat sich ihren Eintrag ins Guinness-Buch der Rekorde redlich verdient. Als Filmheld wird sie wahrscheinlich trotzdem nicht in die Geschichte eingehen.

― PER MAIL ―

WARUM SCHNURREN KATZEN?

Valentina L. (33) aus Salzgitter

Katzen sind wundervolle Tiere. Sie riechen gut, sind in vielen dekorativen Farben und Mustern erhältlich und darüber hinaus dafür verantwortlich, dass inzwischen mehr Rechnerkapazität auf die Speicherung von Katzenvideos entfällt, als für das amerikanische Verteidigungsministerium bereitgestellt werden muss. Außerdem bringen sie ihr Umfeld dazu, für sie die absurdesten Dinge zu tun. «Katzen würden Whiskas kaufen» lautete lange Zeit ein bekannter Werbeslogan. Mit Verlaub, aber das ist Unsinn. Katzen wären nie so blöd, sich an der Supermarktkasse anzustellen. Sie würden eher einen Hund einstellen, der für sie die Einkäufe erledigt.

Auch aus wissenschaftlicher Sicht sind Katzen faszinierende Geschöpfe. Die Frage, warum und womit sie schnurren, hat zahllose Forscher beschäftigt. «Womit werden die wohl schnurren?», sagt meine Frau lapidar. «Mit den Stimmbändern!» Aber hat eine Katze überhaupt Stimmbänder? Und selbst wenn, müssten die im Bauch liegen. Das ist nämlich der Bereich, wo es bei Katzen normalerweise schnurrt. Gut, man könnte das Tier aufmachen und nachschauen, aber dann würde es leider nicht mehr schnurren.

«Ist doch wurscht, womit sie schnurrt, Hauptsache, sie fühlt sich wohl!», entgegnet meine Frau schon ein wenig genervter. «Aber woher willst du denn wissen, ob sie sich wohlfühlt?», frage ich mit einem breiten Grinsen zurück. «Ist doch klar! WEIL SIE SCHNURRT!» – «Aber Katzen schnurren doch auch, wenn sie verletzt sind. Fühlen die sich dann auch wohl?»

Da guckt mich meine Frau plötzlich sehr ernst an und sagt: «Vince, ich habe den Eindruck, du weißt überhaupt nix!» Und da hat sie tatsächlich recht. Viele grundsätzliche Fragen sind nach wie vor ungeklärt: Aus was genau besteht dunkle Materie? Gibt es Bielefeld tatsächlich? Warum kostet bei Flügen «hin und zurück» weniger als «nur hin»?

Die ernüchternde Wahrheit über das Katzenschnurren ist: Trotz vieler Bemühungen ist tatsächlich weder geklärt, warum, noch, womit sie es tun. Der Kehlkopf schied als Schnurrorgan in dem Moment aus, in dem der Tiermediziner Walter R. McCuistion in den 1960er Jahren ein Tier mit durchgebissener Gurgel künstlich beatmete. Die Katze konnte zwar nicht mehr miauen, aber problemlos schnurren.

Inzwischen glaubt man, dass das Schnurren vom Zwerchfellmuskel erzeugt wird. Ganz sicher ist sich die internationale Katzenforschung jedoch immer noch nicht. Gesichert ist nur: Geschnurrt wird weltweit mit einer Frequenz zwischen 23 und 31 Hertz und zwar sowohl beim Ein- als auch beim Ausatmen. Dabei atmet das Tier schneller und tiefer und kann (bei intakter Gurgel) gleichzeitig miauen, ist also in diesem Punkt multitaskingfähig.

In den 1980er Jahren konnte nachgewiesen werden, dass das Schnurren durch Stimulation bestimmter Gehirnregionen ausgelöst wird (nicht die der Forscher, sondern der Katze natürlich). Offen bleibt weiter, warum sich die Evolution diese Laune der Natur ausgedacht hat. Ist es tatsächlich ein Anzeichen, dass sich das Tier wohlfühlt, wovon meine Frau so überzeugt ist? Will es sich mit dem Schnurren selbst beruhigen? Oder einfach die Wissenschaftler ein bisschen ärgern?

Im Jahre 2006 rüstete die Schnurrforschung auf und hielt eine internationale Konferenz ab mit dem spektakulären Namen «12th International Conference on Low Frequency Noise and Vibration and its Control». Dort wurde von den Akustikforschern Elisabeth Muggenthaler und Bill Wright die Theorie aufgestellt, dass es sich beim Schnurren um eine Art Selbstheilungsmechanismus der Katze handelt. Schon lange ist bekannt, dass selbst schwerverletzte Katzen phänomenale Fähigkeiten haben, wieder zu genesen. Jeder Tierarzt weiß: Solange sich alle Einzelteile einer verletzten Katze im selben Raum befinden, bestehen gute Chancen, dass alles wieder korrekt zusammenwächst. Und das Schnurren hilft offensichtlich dabei. Die Vibrationen wirken gegen Schmerzen, entspannen die Muskulatur und fördern Muskelwachstum und Gelenkigkeit. Glauben jedenfalls die Forscher. Neueren Studien zufolge verbessern Schallfrequenzen in dem entsprechenden Bereich von rund 25 Hertz das Knochenwachstum. Die Vibrationen erhöhten anscheinend die Knochendichte. Das Schnurren wäre demzufolge eine Möglichkeit für Hauskatzen, aber auch für Pumas oder Geparden, ihre Muskeln und Knochen mit sparsamen Mitteln zu stimulieren. Was Genaues weiß man jedoch nicht. Katzen bleiben eben immer ein wenig rätselhaft.

PER MAIL

WARUM WERDEN IN DÖRFERN MIT VIELEN STÖRCHEN MEHR KINDER GEBOREN?

Agnes Z. (53) aus Schwandorf

Die Statistik hat bekanntlich einen ziemlich schlechten Ruf. Kein Wunder, denn tagtäglich präsentieren uns die Medien die absurdesten Studien, in denen amerikanische Wissenschaftler herausgefunden haben, dass farbenblinde Betonmischer, die die Republikaner wählen, ein erhöhtes Herzinfarktrisiko haben. Oder dass Countrymusik-Fans öfter Selbstmord begehen (was man intuitiv nachvollziehen kann). Kalifornische Wissenschaftler stellten sogar fest, dass Zigarettenkonsum die Hauptursache von Statistiken ist.

Klar ist: Mit Statistik kann man alles beweisen. Manchmal sogar die Wahrheit. Vorausgesetzt, man versteht es, die Zahlen richtig zu lesen. Das vielleicht bekannteste Beispiel einer statistischen Fehlinterpretation ist der Zusammenhang von Storchenhäufigkeit und Geburtenraten. Man fand heraus, dass in norddeutschen Dörfern, in denen viele Störche nisten, gleichzeitig auch mehr Kinder geboren werden. Dieses Phänomen ist 2004 sogar in einer Publikation mit dem charmanten Titel *New Evidence for the Theory of the Stork* wissenschaftlich untersucht – und bestätigt – worden.

Es tut mir natürlich leid, wenn ich Ihnen jetzt Ihre romantischen Illusionen nehme, aber inzwischen weiß man relativ genau, wie Babys entstehen. An der Stelle vielleicht nur so viel: Statistisch gesehen ist zu 100 Prozent kein Storch daran beteiligt.

Wie also ist der Zusammenhang zu erklären? Ganz einfach: In

größeren Dörfern gibt es mehr Nistplätze für Storchenpaare als in kleineren. Gleichzeitig werden in größeren Dörfern aufgrund der höheren Bevölkerung auch mehr Kinder geboren. BINGO!

Statistisch gesprochen sind Storchenhäufigkeit und Geburtenraten signifikant miteinander korreliert. Eine Korrelation bedeutet das gleichzeitige Auftreten zweier Ereignisse. Nicht mehr und nicht weniger. Das heißt natürlich nicht, dass das eine Ereignis die Ursache vom anderen sein muss. Andernfalls müssten ja Zahnspangen Pubertät verursachen, wie ich in meinem Buch «Denken Sie selbst, sonst tun es andere für Sie» eingehend beschreibe.

Aber wussten Sie zum Beispiel, dass es einen Zusammenhang zwischen dem Jahreseinkommen eines Angestellten und der Zahl seiner Haare auf dem Kopf gibt? Je weniger Haare, desto mehr Geld. Allerdings rate ich dringend davon ab, sich eine schicke Halbglatze schneiden zu lassen, nur, um in eine höhere Gehaltsklasse zu gelangen. Unter Umständen könnte dadurch sogar Ihr komplettes Gehalt weg sein. «Tut mir leid, Herr Müller, aber unsere Firma und Sie passen in letzter Zeit nicht mehr so recht zueinander ...»

Intuitiv wissen Sie natürlich, dass es sich hier nicht um eine Kausalität, sondern um eine Korrelation handelt. Die Faktoren «Jahreseinkommen» und «Haare auf dem Kopf» sind über die dritte Variable «Lebensalter» miteinander verbunden: Ältere Angestellte haben naturgemäß weniger Haare und gleichzeitig ein höheres Einkommen als junge Mitarbeiter mit vollem Haar.

Obwohl Korrelationen schon seit den Anfängen der Statistik bekannt sind, tappen auch heute noch viele Fachleute in die tückische Falle und verwechseln sie regelmäßig mit Kausalitäten. Das ist nicht weiter verwunderlich. Denn unser Gehirn ist in erster Linie eine Verknüpfungsmaschine, die ständig nach Ursache-Wirkungs-Prinzipien sucht. Doch sehr oft gaukelt uns eine Korrelation eine Beziehung zwischen Ursache und Wirkung einfach nur vor. Am liebsten dann, wenn es unserem Wunschdenken entspricht.

Wenn wir beispielsweise in der Zeitung wieder einmal lesen, dass gemäßigte Rotweintrinker länger leben, gehen wir fast automatisch davon aus, dass zwei Gläschen Rotwein am Tag die Lebenserwartung steigert. Besser noch drei. Freudig erregt stolpern wir in den Keller und kloppen uns einen Liter Bordeaux hinter die Binde. Für die Gesundheit muss man eben auch Opfer bringen!

Liebe Rotweinfans, auch hier handelt es sich leider, leider um eine Korrelation. Menschen, die grundsätzlich keinen Alkohol trinken, haben in der Regel einen Grund dafür. Unter die Gruppe der Abstinenzler fallen neben den eher wenigen Gesundheitsaposteln sowohl Menschen, die aufgrund einer chronischen Krankheit nichts trinken dürfen, als auch trockene Alkoholiker. Die beiden Letztgenannten haben eindeutig eine niedrigere Lebenserwartung. Menschen, die extrem viel trinken, sind «nasse» Alkoholiker – und die haben erst recht eine niedrige Lebenserwartung. Bleibt noch die Gruppe, die sich ab und an mal ein Gläschen genehmigt. Das sind Leute, die ihr Leben im Griff haben und gesund sind. Und die leben nachweislich am längsten. Ob mit oder ohne Rotwein.

Über rotweintrinkende Störche gibt es übrigens keinerlei aussagekräftiges Datenmaterial.

---- PER MAIL ----

MUSS DER BÄR INS FITNESSSTUDIO?

Tabea B. (26) aus Bruchsal

Versuchen Sie einmal einen Braunbären aus der Winterruhe zu wecken – der braucht keine Physiotherapie oder ein *Power Plate*, um wieder in Schwung zu kommen, der ist sofort topfit! Trotz monatelanger Trainingspause. Während der Winterruhe können die Tiere ihren Stoffwechsel extrem herunterfahren. Dabei kommen sämtliche Körperfunktionen fast zum Erliegen, und der Bär bewegt sich quasi nicht oder kaum. Wenn wir sieben Monate im Bett bleiben, verlieren wir etwa 60 Prozent unserer Muskelkraft. Der Bär nur die Hälfte. Wie macht er das nur?

Bären haben einen Stoff im Blut, der den Muskelabbau hemmt. Und da die sanitären Anlagen einer solchen Höhle begrenzt sind, verzichten sie während der Zeit komplett auf den Gang zur Toilette. Das ist insofern erstaunlich, da die stickstoffhaltigen Abbauprodukte, die normalerweise mit dem Urin ausgeschieden werden, beim Bären eigentlich eine Harnstoffvergiftung hervorrufen müssten. Um diese zu vermeiden, recycelt der Bär den Harnstoff kurzerhand in wiederverwertbare Aminosäuren. Dieser sparsame Umgang mit den Eiweißen verhindert ebenfalls einen raschen Muskelabbau. So kann der Bär monatelang dumpf und träge an einer Stelle verharren, ohne einmal pinkeln gehen zu müssen – und fit bleibt er auch noch dabei. Eine Fähigkeit, um die ihn jeder Oktoberfest-Besucher beneidet.

Aber auch Tiere, die nicht schlafen, haben spannende Mechanismen entwickelt, um bei Kälte über die Runde zu kommen. Hirsche und Rehe leben im Winter in einem Energiespar-Modus. Sie reduzieren in der kalten Jahreszeit ihre Körpertemperatur, verringern ihren Herzschlag und vermeiden unnötige Bewegungen. Deshalb stehen sie oft minutenlang bewegungslos in der Landschaft herum. Ganz ähnlich wie viele Senioren-Reisegruppen, die in Berlin aus dem ICE steigen, um dann direkt vor der Tür in Schockstarre zu fallen.

Biologen haben herausgefunden, dass viele Insekten einen natürlichen Frostschutz in ihrem Körper aktivieren, der den Gefrierpunkt senkt und außerdem verhindert, dass der Organismus irreparabel geschädigt wird. Sie produzieren Glycerin. Dessen Moleküle schieben sich zwischen die Wasser-Moleküle und verhindern, dass das Wasser gefriert. Nach ähnlichem Prinzip funktioniert der Frostschutz bei der Scheibenwischanlage im Auto: Dort kippt man im Winter eine glycolhaltige Flüssigkeit ins Wischwasser. Da Tiere aber in der Regel keine ADAC-Mitglieder sind, müssen sie wohl oder übel ihr Frostschutzmittel selbst produzieren. Bei arktischen Fischen zum Beispiel besteht dieses nicht aus Glycol, sondern aus bestimmten Eiweißstoffen, die der Fisch in sein Blut strömen lässt, um in Gewässern bei minus zwei Grad zu überleben. Manche Frösche haben die Fähigkeit entwickelt, in ihrem Körper hohe Traubenzuckerwerte zu produzieren, die ebenfalls die Bildung von Eiskristallen verhindert. Selbst wenn der Froschkörper an der Oberfläche steinhart gefroren ist, funktionieren seine inneren Organe noch, wenn auch auf extremer Sparflamme.

Vor ein paar Jahren fanden Forscher des Paul-Flechsig-Instituts in Leipzig heraus, dass Tiere, die Winterschlaf halten, nach dem Aufwachen typische Anzeichen von Gedächtnisverlust aufweisen. Dabei verändert sich die Proteinstruktur im Gehirn ähnlich wie bei Alzheimer-Patienten. Wenn Murmeltiere im Frühling die Augen aufschlagen, haben sie zunächst keine Ahnung, wo sie sich befinden, können sich nur schwer Dinge merken und wissen ganz allgemein nicht, was sie mit ihrem Leben anfangen sollen. Irgendwie logisch, denn während des langen Schlafes wird ein Teil des Gehirns quasi stillgelegt. Das Gleiche passiert übrigens beim Menschen während des Fernsehguckens – es sei denn, man guckt Sendungen wie *Wissen vor 8*. Interessanterweise regenerieren die Winterschläfer ihre Hirnfunktionen innerhalb weniger Stunden, indem sie die Veränderung der Proteine rückgängig machen. Eine erstaunliche Fähigkeit, auf die man nach 48 Stunden Dauerglotzen während der Weihnachtsfeiertage vergeblich hofft.

— PER POST —

WARUM FLIEGEN MANCHE VÖGEL IN DEN SÜDEN UND MANCHE NICHT?

Laurin S. (11) aus Trossingen

Zweimal im Jahr findet die größte Reisewelle Europas statt. Nein, damit meine ich nicht die zwei Millionen Holländer, die im Sommer und an Weihnachten mit ihren Wohnwagen für Thrombose auf deutschen Autobahnen sorgen. Es geht vielmehr um unsere gefiederten Freunde. Im Herbst machen sich Millionen von Störchen, Rauchschwalben und Rotkehlchen in den Mittelmeerraum und nach Nordafrika in ihre Winterquartiere auf, teilweise führt sie ihre Reise sogar bis über die Sahara nach Südafrika. In geführten Großgruppen fallen sie dann in die südlichen Länder ein, belegen frühmorgens die Poolliegen und fressen den Einheimischen das Essen weg. Im Frühling dann – wenn die Mägen voll sind und die Party zu Ende ist – macht sich die Reisegruppe wieder auf in die Heimat.

Rekordhalter ist übrigens die Küstenseeschwalbe: Sie legt im Jahr ca. 40 000 Kilometer zurück, fliegt von Grönland bis in die Antarktis, manchmal über 500 Kilometer am Tag. Eine Strecke, bei der sich ein durchschnittlicher Holländer schon schwertut.

Als Zugvögel werden diejenigen Vogelarten bezeichnet, die an dem einen Ort brüten und an einem anderen überwintern. Welche Flugroute und Winterquartiere die Vögel wählen, ist von Art zu Art verschieden. Der Zeitpunkt, an dem die Tiere aufbrechen, sowie ihre Orientierung sind meist zum größten Teil angeboren.

Etwa 200 heimische Vogelarten machen alljährlich diesen Reisestress mit. Im Fachjargon werden sie Kurz- und Langstreckenzieher genannt. Langstreckenzieher sind Vogelarten, deren Brutgebiete in aller Regel mehr als 4000 Kilometer von ihren Überwinterungsquartieren entfernt liegen.

Für viele Arten ist diese Reise lebensnotwendig, denn in Nordeuropa herrscht im Winter massiver Futtermangel. Das und *nicht* die kalten Temperaturen sind der Grund für den Vogelzug. Forscher gehen mittlerweile davon aus, dass die ursprünglichen Vogelarten eher standorttreu waren. Erst mit der Nahrungsspezialisierung und den kontinentalen Klimaänderungen zog es Vögel in der kälteren Jahreszeit in südlichere und damit wärmere Länder, um dort ihren Nahrungsbedarf zu sichern. Der Vogelzug ist somit eine evolutionäre Anpassung an das im Verlauf der Jahreszeiten wechselnde Nahrungsangebot. Da muss man wohl oder übel zweimal im Jahr einen anstrengenden Langstreckenflug in Kauf nehmen. Wenigstens ohne Jetlag.

Eine gänzlich andere Strategie haben die sogenannten Standvögel. Kohlmeisen, Elstern oder Spatzen bleiben das ganze Jahr zu Hause, weil sie sich an die ungemütlichen Verhältnisse angepasst haben. Meisen zum Beispiel fressen im Winter Samen und Körner, während sie im Sommer eher Insekten und deren Larven bevorzugen. Auch viele Star-Populationen fliegen im Winter nicht in den Süden, sondern ziehen stattdessen vom Land in die Städte, in denen sie gemütlichere Quartiere und mehr Nahrung finden. McDonald's sei Dank. Und natürlich auch den vielen Omis, die im Winter die Meisenknödel raushängen.

Wissenschaftler am Konrad-Lorenz-Institut für Vergleichende Verhaltensforschung der Österreichischen Akademie der Wissenschaften fanden heraus, dass Standvögel größere Gehirne haben als Zugvögel. Die Unterschiede zeigen sich besonders im Vorderhirn der Tiere, einem Teil des Vogelhirns, der mit unserem Großhirn vergleichbar ist. Standvögel sind also cleverer als Langstreckenflieger. Sie können besser kombinieren, haben ein ausgeprägteres Sozialverhalten und sind in der Lage, komplexere Aufgaben zu lösen. Das macht auch Sinn. Denn wer zu Hause bleibt, wenn es kalt, ungemütlich und schwierig wird, muss sich einfach ein bisschen mehr einfallen lassen, um an Nahrung zu kommen. Wer dagegen immer nur abhaut, sobald es Probleme gibt, benötigt nicht unbedingt besonders viel Grips. Eventuelle Parallelen zur menschlichen Spezies sind in diesem Fall natürlich rein zufällig.

Zur Ehrenrettung der Zugvögel sei gesagt: Natürlich sind Langstreckenzieher keine Dumpfbacken. Ganz im Gegenteil. Sie haben eben andere Qualitäten. Zugvögel verfügen im Unterschied zu Standvögeln über ein Langzeitgedächtnis von mindestens einem Jahr. Sie finden über Tausende von Kilometern punktgenau von ihren Wintersitz wieder zurück. Und das ohne Kompass und Landkarte! Stattdessen orientieren sie sich an Sternbildern und Sonnenstand. Manche Vögel können sogar das Magnetfeld der Erde spüren und sich dementsprechend ausrichten. Wie genau das funktioniert, ist noch immer nicht vollständig geklärt. Fest steht nur: Es ist zuverlässiger als so manches Navigationssystem in einem teuren Mittelklassewagen. Wenn ich in mein Navi «Wüste Sahara» eingebe, ist die sympathische Frauenstimme jedenfalls ziemlich verwirrt.

Außerdem hat das kleinere Hirn von Langstreckenziehern eindeutig energetische Vorteile. Große Gehirne verbrauchen nämlich viel Energie. Und weil die Zugvögel ihre Energie zum Fliegen und nicht zum Denken brauchen, haben sie obenrum eben abgespeckt. Ganz im Gegensatz zu uns Menschen. Bei uns geht etwa 20 Prozent der Energie in die Birne. Selbst bei Typen, die ihr Gehirn relativ wenig benutzen.

―――― MÜNDLICHE ZUSCHAUERFRAGE ――――

WARUM STEHEN AMEISEN NICHT IM STAU, WIR ABER SCHON?

Rieke W. (31) aus Kerpen

Vor rund 100 Jahren brauchte der Mensch einen Tag, um zehn Kilometer zurückzulegen. Dann entwickelte er das Auto, mit dessen Hilfe er die zehn Kilometer in zehn Minuten zurücklegen konnte. Heute stellen wir so viele Autos her, dass man für zehn Kilometer wieder einen Tag braucht.

Laut Statistik verbringen wir 60 Stunden pro Jahr im Stau. Das ist zwar weniger Zeit als auf der Toilette (71 Stunden), aber deutlich mehr, als wir für sexuelle Aktivitäten aufwenden (33 Stunden). Zumindest, wenn man einem Kondomhersteller Glauben schenken möchte.

Die Ironie an der Sache: Viele Staus wären eigentlich vermeidbar. Zum Beispiel der mysteriöse «Stau aus dem Nichts»: Ohne einen ersichtlichen Grund kommt man auf der Autobahn plötzlich zum Stehen. Löst sich das Ganze wieder auf, realisiert man fassungslos, dass es weder eine Baustelle noch ein Unfall war, die die Verzögerung verursacht haben.

Verkehrsforscher fanden anhand von Computermodellen heraus: Sobald auf einem Fahrstreifen mehr als 20 Fahrzeuge pro Kilometer unterwegs sind, steigt die Staugefahr rapide an. Dann können bereits kleinste Störungen im Verkehrsfluss einen «Stau aus dem Nichts» auslösen. Schuld daran sind in der Regel einzelne unachtsame oder egoistische Verkehrsteilnehmer, umgangssprachlich auch «Vollidioten» genannt. (Dabei ist anzumerken, dass Vollidioten immer nur die anderen sind. Man selbst natürlich n i e m a l s !)

Die Kolonne ist mit gleichmäßiger Geschwindigkeit unterwegs. Der Vollidiot aber möchte aus unerfindlichen Gründen die TÜV-Plakette seines Vordermanns genauer studieren und fährt zu dicht auf. Wenn er dann festgestellt hat, ob sie abgelaufen ist oder nicht, tippt er hektisch auf die Bremse. Sein Hintermann benötigt etwa ein bis zwei Sekunden, um zu realisieren: «Was für ein Vollidiot ist das denn? Ich bremse lieber auch mal.» Bedingt durch die Verzögerung muss er aber schon etwas mehr in die Eisen gehen. Wie ein Dominoeffekt summieren sich nun die Reaktionszeiten der Fahrer in der Kolonne. Jedes weitere Fahrzeug muss immer stärker abgebremst werden. So kommt bei hoher Verkehrsdichte die Kolonne irgendwann vollständig zum Stehen. Wovon der Vollidiot selbstverständlich nichts mitbekommt. Sein Abbremsmanöver kostet ihn maximal einen kurzen Adrenalinstoß; hinter ihm jedoch bricht das Chaos aus, denn zum erneuten Anfahren benötigt man wiederum eine gewisse Reaktionszeit. Und wenn sich in dem stehenden Pulk ein weiterer Vollidiot befindet, der kurz mal zum Pinkeln in die Büsche verschwindet oder anfängt, hinter seinem Steuer *Krieg und Frieden* zu lesen, verzögert sich die Anfahrt zusätzlich. Dadurch wächst der Stau hinten schneller, als er sich vorne auflöst. Und das alles nur wegen zwei Holzköpfen!

So etwas wie Staus gibt es bei Ameisen nicht. Was ihr Verhaltensrepertoire angeht, sind diese kleinen Insekten sicherlich nicht die hellsten, aber von Vollidioten sind sie weit entfernt. Das Geheimnis ihrer staulosen Existenz liegt darin, dass sie alle eine optimale durchschnittliche Geschwindigkeit von etwa 4 Kilometern pro Stunde halten. (Übrigens: Bei uns Autofahrern läge die, wie Forscher berechnet haben, bei etwa 85 Kilometern pro Stunde.) Ameisen überholen nicht, wenn es unpassend ist. Sie bremsen nicht abrupt ab und bummeln nach einer Verzögerung nicht unnötig herum. Sie wechseln nicht hektisch die Spur, wenn sie nicht vorankommen, geben keine Lichthupe und haben auch keine Wohnwagen dabei. Bei Ameisen gibt es weder Extrawürste noch Egoisten. Engstellen werden genauso ruhig und gleichmäßig passiert wie Unfall- oder Gefahrenstellen. Gafferstaus bei Ameisen? Fehlanzeige!

Ameisen sind ein Muster an Selbstlosigkeit. Zumindest, was den Straßenverkehr angeht. In anderen Bereichen tragen sie durchaus Konflikte aus. Schmalbrustameisen etwa kämpfen darum, wer den männlichen Nachwuchs produzieren darf. Die Königin oder einige Arbeiterinnen. Gewinnt das Fußvolk, gibt's im Anschluss Streit mit den anderen Arbeiterinnen, weil sich die Fortpflanzerinnen nicht an der Nahrungssuche beteiligen. Was andererseits wieder das Risiko eines Staus extrem minimiert.

Die längste Ameisenstraße der Welt bildet übrigens die argentinische Ameise. Eine Kette von Staaten, zwischen denen reger Austausch herrscht, zieht sich auf einer Länge von rund 6000 Kilometern von der italienischen Riviera bis zum Nordwesten Spaniens.

Obwohl ein einzelnes Tier noch nicht einmal ein Erbsengehirn besitzt, zeigen sie in der Kolonne tatsächlich Verhaltensmuster, die aus menschlicher Sicht «intelligent» genannt werden können. Der große Unterschied zu uns Menschen ist: Die Ameisengruppe hat ein gemeinsames Ziel. Und jedes einzelne Teammitglied hilft mit, dieses Ziel zu erreichen. Damit das klappt, verständigen sich die Ameisen über eine Duftsprache und durch friedvolle Berührungen. Was man von unserer Kommunikation im Straßenverkehr nicht behaupten kann: «Ey mach mal hinne, du Stinkstiefel, gleich fängste eine!» Tja, Ameise müsste man sein.

―――― MÜNDLICHE ZUSCHAUERFRAGE ――――

WIE ENTSTEHT EIN KATER?

Maurizio C. (24) aus Schwerte

Der große Frank Sinatra hat mal gesagt: «Mir tun Leute leid, die nicht trinken. Wenn sie morgens aufwachen, können sie sich gar nicht darauf freuen, dass es im Laufe des Tages wieder aufwärts geht.» Im Hinterkopf hatte er dabei sicherlich das medizinische Phänomen *Veisalgia*, im Volksmund auch als «Kater», «Hangover» oder einfach nur unter «Fraachnichnachsonnenschein ...» bekannt. Dessen Symptome sind so fies, wie die vorherige Nacht lustig war: Unwohlsein, Lichtempfindlichkeit, depressive Verstimmungen, quälender Durst, Konzentrationsschwierigkeiten. Das marketingtechnische Alleinstellungsmerkmal eines korrekt herbeigeführten Katers ist jedoch im Hirn angesiedelt: marternde Kopfschmerzen.

Doch woher kommen diese Nachwirkungen? Damit Sie nach der nächsten durchzechten Nacht auf intellektuell höherem Niveau leiden können, hier die wissenschaftlich fundierte Erklärung: Beim Abbau von Alkohol im Körper entsteht das Zwischenprodukt Acetaldehyd. Wenn die Alkoholkonzentration im Blut abnimmt und die Konzentration des toxischen Acetaldehyds ansteigt, beginnen Kopfschmerzen und Übelkeit. Das ist der Grund, warum es einem immer erst am nächsten Tag schlecht geht: Es dauert eine Weile, bis aus zehn Bier Acetaldehyd geworden ist.

Das Acetaldehyd selbst wird in unserem Körper zu Acetat abgebaut und in den Stoffwechsel eingeschleust. Das macht das körpereigene Enzym Acetaldehyddehydrogenase, das übrigens bei vielen Asiaten fehlt. Bei denen führen mitunter schon ein Kurzer und ein kleines Bier zu einem langen, großen Hangover.

Doch damit nicht genug: Alkohol hat außerdem die unangenehme Eigenschaft, die Ausschüttung des körpereigenen Antidiuretischen Hormons (ADH) zu hemmen. Dieses reguliert den Flüssigkeitsdurchfluss in unseren Nieren und gewinnt aus dem schon gebildeten Primärharn jede Menge Wasser zurück. ADH ist also sozusagen die Wassersparttaste unserer inneren Toilette. Doch Gevatter Alkohol hebelt diese Taste gnadenlos aus, indem er die Ausschüttung von ADH aus der Hypophyse, einem Teil unseres Gehirns, verhindert. Je nach Dosierung des Alkohols nimmt das ADH ab und der Wassergehalt im Urin zu. Der Spülkasten läuft wieder und wieder leer. Lange, nachdem sich Sprachzentrum, Gleichgewichtsorgan und Frisur von der hochprozentigen Party verabschiedet haben, macht die Niere durch bis morgen früh und singt noch Bumsfallera. Die Folge: erhöhter Harndrang, hoher Flüssigkeitsverlust, Dehydrierung.

Ein Effekt, vor dem auch unser Oberstübchen nicht verschont wird. Der hohe Verlust an Gewebewasser verursacht nämlich nicht nur den allseits bekannten Nachdurst, sondern ist dafür verantwortlich, dass sich unser Gehirn etwas zusammenzieht und dadurch an der Hirnhaut zerrt. Und das tut höllisch weh. Denn die Hirnhaut ist mit Schmerzrezeptoren geradezu übersät. Genau genommen ist es ist also nicht das Hirn, sondern die umgebende Haut, die uns bei einem Kater weh tut. Wer hätte das gedacht? Im Gehirn selbst befindet sich kein einziger Schmerzrezeptor! Es gaukelt uns zwar Schmerzen vor, aber fühlt selbst rein gar nichts. Man könnte tatsächlich mit einem Messer hineinstechen oder sich mit Botox die Hirnfurchen glätten lassen – der jeweilige Mensch würde nichts davon merken. Sein Umfeld unter Umständen schon.

Falls Sie katermäßig das Optimum an Hirnstechen bei minimalem Alkoholkonsum herausholen wollen, dann empfiehlt die

Wissenschaft den Genuss von besonders trüben Alkoholika, wie diverse Liköre oder schwere Rotweine, denn: Je trüber ein Getränk, desto mehr Beimischungen und Fremdstoffe enthält das Zeug. Ein teuflisches Gemisch aus höheren Alkoholen wie Propanol, Butanol und Pentanol – allesamt unter dem Oberbegriff «Fuselöle» bekannt. Diese Fuselöle sind zwar nur in geringen Dosen vorhanden, aber sie haben dennoch eine verheerende Wirkung. Sie sind giftiger als der reine Ethanol-Alkohol und verweilen länger im Körper. Beim Abbau werden neben dem bereits erwähnten Acetaldehyd weitere Giftstoffe frei, die dazu führen, dass das Gehirn nicht ausreichend mit Sauerstoff versorgt wird (der Autor dieses Buches hat an seinem 18. Geburtstag in einem heroischen Selbstversuch mit nur einem Glas Lambrusco, zwei Gläsern Blue Curaçao und drei Eckes Edelkirsch in dieser Hinsicht ein beeindruckendes Ergebnis erzielt).

Was aber soll man machen, wenn das Kind bereits in den Brunnen bzw. man selbst schon in den Sangria-Eimer gefallen ist? Um einen Kater wirkungsvoll zu bekämpfen, benötigt es zunächst einmal Zeit und Geduld. Schließlich hat er nicht umsonst sieben Leben. Nehmen Sie am besten schon am Abend zu jedem Glas Alkohol mindestens ein Glas Wasser zu sich. Auch Saftschorle oder Brühe sind ideal, selbst am Morgen danach. Das deutsche «Konter-Bier» dagegen ist genauso kontraproduktiv wie das österreichische «Reparatur-Achterl». Auch, wenn Letzteres niedlicher klingt. Zwar hat der Verkaterte das Gefühl, dass es ihm plötzlich bessergeht, das liegt aber nur daran, weil der alte, schmerzhafte Rausch einfach durch einen neuen, peppigen ersetzt wird. Man trinkt also, um die durch den Alkohol verursachten Probleme zu ertränken. Was wenig nützt, denn Probleme sind extrem gute Schwimmer. Tragen Sie also Ihren Kater wie ein Mann. Meinetwegen auch wie eine Frau. Denn er ist die gerechte Strafe dafür, dass Sie Ihre Grenzen überschritten haben.

PER MAIL

GIBT ES FREMDES LEBEN?

Martin F. (48) aus Ellwangen

1953 führte der Chemiker Stanley Lloyd Miller ein bemerkenswertes Experiment durch: Er leitete Methan, Wasserstoff und Ammoniak in einen Kolben mit Wasser und erhitzte das Ganze. Dann schickte er elektrischen Strom durch das erzeugte Dampfgemisch, und keine sieben Tage später bildete sich eine goldbraune, ölige Schicht, die aus Aminosäuren, verschiedenen Zuckerarten und Harnstoff bestand. Das klingt erstmal nicht sehr spektakulär, doch bei diesen Substanzen handelt es sich um nichts weniger als um die Grundbausteine unseres Lebens! Unser allererster Vorfahre war offensichtlich eine ölige, schleimige Substanz. Quasi die Vorform des Gebrauchtwagenhändlers.

Die Tatsache, dass eine primitive Vorform von Leben anscheinend relativ leicht herzustellen ist, lässt viele vermuten, dass wir nicht der einzige Ort in unserer Galaxie sind, an dem sich lebende Organismen breitgemacht haben. Unsere Milchstraße besteht immerhin aus etwa 200 Milliarden Sternen. Und da müsste es doch mit dem Teufel zugehen, wenn da nicht ein, zwei weitere Sonnensysteme darunter wären, die einen Planeten mit lebenden Untermietern haben.

Denn Leben setzt sich in den unwirklichsten Umgebungen durch. So fand man beispielsweise Bakterien, die in 100 Grad heißen unterirdischen Quellen leben. Bärtierchen überstehen radioaktive Strahlungsdosen von 500 000 Röntgen. Was erstaunlich ist, denn Bärtierchen sind wenige Millimeter groß und besitzen weder

Spätestens am dritten Drehtag ist die Botox-Spritze fällig.

Knochen noch komplizierte Organe. Warum sollte man sie also einer radiologischen Untersuchung unterziehen?

Inzwischen kann man einigermaßen abschätzen, wie viele Sonnensysteme es in der Milchstraße gibt, die prinzipiell in der Lage wären, Leben hervorzubringen. Damit sich Organismen entwickeln können, benötigt man eine Reihe von klar definierten Voraussetzungen. Die zwei wichtigsten Grundbedingungen sind: Zeit und Stabilität. Alleine hier auf der Erde hat es zwei Milliarden Jahre gedauert, bis sich Einzeller gebildet haben. Eine primitive Lebensform ohne Rückgrat. Eine Spezies, die auch beim Menschen anzutreffen ist.

Das war jedoch nur möglich, weil wir einen Planeten bewohnen, der für Leben ideal ist: nicht zu warm, nicht zu kalt, mit freundlichem Sonnenlicht und sanft bewässert. Okay, es gibt dort auch Wirbelstürme, Tsunamis und lebensfeindliche Gebiete wie die Arktis, das Death Valley oder Ostwestfalen. Aber schauen wir uns nur mal unsere planetaren Nachbarn an: Auf dem Merkur ist es tagsüber 430 Grad warm, nachts fällt das Thermometer auf −170 Grad. Die Venus hat eine undurchsichtige Wolkendecke aus Schwefel- und Kohlendioxid. Und noch schlimmer ist der Mars, auf dem herrscht eine ähnliche Atmosphäre wie in manchen Mehrzweckhallen, in denen ich ab und an gastiere: keine nämlich.

Unsere Erde ist ein echter Glücksfall im Planetenlotto. Wir kreisen um einen Stern, der die perfekte Größe hat: Wäre er größer, hätte er eine zu geringe Lebensdauer. Wäre er kleiner, könnte er nicht genügend Wärme abstrahlen. Weiterhin befinden wir uns in genau dem richtigen Abstand zur Sonne, nur deswegen ist die mittlere Temperatur auf der Erdoberfläche so angenehm. Und nur deswegen gibt es bei uns flüssiges Wasser, der Grundbaustein für Leben.

Eine weitere glückliche Fügung ist die Existenz des Erdmondes. Aufgrund seiner ungewöhnlichen Größe stabilisiert er die

Rotationsachse der Erde und bewahrt sie dadurch vor unkontrollierten Trudelbewegungen. Auch Jupiter trägt erheblich zu den stabilen Bedingungen auf der Erde bei. Als massereichster Planet im Sonnensystem zieht er die Aufmerksamkeit von zahllosen kleineren und größeren Gesteinsbrocken aus dem All auf sich. Ohne ihn würde die Erde 10 000-mal häufiger von Asteroiden getroffen werden. Und dann hätten sich hier allenfalls Mikroben oder Dachdecker durchgesetzt ...

Kurzum: Wir haben es mit einer kosmischen Konstellation zu tun, die extrem selten vorkommt. Bei rund 200 Milliarden Sonnen ist die Wahrscheinlichkeit, dass es in der Milchstraße doch noch ein paar erdähnliche Systeme gibt, trotzdem nicht besonders hoch.

Seit mehr als 50 Jahren suchen Wissenschaftler in der SETI-Forschung (**S**earch for **E**xtraterrestrial **I**ntelligence) systematisch nach Lebenszeichen von Außerirdischen. Das ambitionierteste Projekt dazu läuft seit 2007. Der Microsoft-Mitbegründer Paul Allen steckte ein Großteil seines Vermögens in die Suche nach Aliens. Das Projekt *Allen Telescope Arrays* (ATA) ist eine Ansammlung von 42 leistungsstarken Radioteleskopen, die qualitativ hochwertige Radiowellen aus den hintersten Winkeln der Galaxie aufnimmt und auswertet. Sollten also irgendwo im All Aliens Radio hören oder gar fernsehen – ATA wird es ganz bestimmt mitbekommen. Denn die Wissenschaftler gehen nicht nur davon aus, dass es im All Lebensformen gibt, sondern dass diese auch verrückt genug sind, sich mit uns in Verbindung zu setzen.

PER POST

WARUM SIND DIE DINOSAURIER AUSGESTORBEN?

Philipp F. (12) aus Essen

Vor mehr als 100 Jahren machten Fossilienforscher im Hell Creek, einem kleinen Zufluss des Fort-Peck-Staubeckens im US-Bundesstaat Montana, eine erschütternde Entdeckung: Sie bemerkten, dass die reichhaltigen Fossilienfunde, die in den Gesteinsablagerungen vorhanden waren, oberhalb einer ganz bestimmten Höhe abrupt verschwanden. Dies ließ nur einen logischen Rückschluss zu: Vor 65 Millionen Jahren, am Ende der Kreidezeit, musste es zu einem dramatischen Massensterben gekommen sein. Man schätzt, dass 75 Prozent aller damaligen Lebewesen ausstarben. Bei den Dinosauriern lag die Quote sogar bei 100 Prozent. Falls Sie in Statistik nicht ganz fit sind: Das sind ziemlich genau alle. Was uns heute nicht ganz unrecht ist, so müssen wir uns wenigstens nicht mit Tyrannosaurus Rex in unserem Vorgarten rumärgern.

Was aber war der Grund für das große Dinosauriersterben? Der Klimawandel? Eine Grippewelle? Lustlosigkeit bei der Fortpflanzung? Man weiß es nicht! Es gibt lediglich Vermutungen. Eine davon stellte 1980 der Physiker Luis Alvarez an. Seiner These nach ist das Massensterben der Dinos durch den Einschlag eines großen Meteoriten verursacht worden. Der Haken an der Sache: Der Einschlag eines so großen Brockens hätte einen gewaltigen Krater auf der Erdoberfläche hinterlassen müssen. Und alle bis dahin bekannten Einschlagskrater waren für derart katastrophale Effekte entweder zu klein oder zur falschen Zeit entstanden. Elf

Jahre später entdeckten Geologen dann jedoch tatsächlich an der Küste der mexikanischen Halbinsel Yukatan einen gewaltigen, unter Sedimenten begrabenen Meteoritenkrater. Größe und Entstehungszeit des Chicxulub-Kraters passten zu Alvarez' Theorie. Der Gigant schlug offenbar genau zu dem Zeitpunkt ein, als alle Dinos dicht beisammenstanden. Außerdem formte er durch den Aufprall die Golfregion im heutigen Mittelamerika, wodurch wahrscheinlich erst der Golfstrom entstehen konnte, der heute für ein mildes Klima in Europa sorgt. Ohne diese Katastrophe gäbe es folglich keinen Ballermann, kein Kokain und keine Nachos. Dafür wären die prähistorischen Echsen immer noch am Drücker. Alles in allem also keine schlechte Bilanz, auf die der Meteorit verweisen kann. Zumindest für uns Menschen – die Dinos sehen das vermutlich ganz anders.

Um der wissenschaftlichen Korrektheit Genüge zu tun, muss man an dieser Stelle betonen, dass die Meteoritentheorie in der Fachwelt immer noch mit Skepsis betrachtet wird. Sie wird zwar als die wahrscheinlichste angesehen, aber letztlich bleibt sie eine Theorie.

Wenn es sich damals tatsächlich so zugetragen hat, wie von Alvarez behauptet, können wir von Glück sagen, dass das Leben überhaupt überlebt hat: Aus dem geschätzten Kraterdurchmesser von fast 200 Kilometern berechnete man, dass der Meteorit einen Durchmesser von fast zehn Kilometern gehabt haben musste! Der Koloss drang mit einer Geschwindigkeit von 24 000 Kilometern pro Stunde in die obersten Schichten der Atmosphäre ein. Dabei komprimierte er sie so stark, dass die Luft bei mehreren tausend Grad Celsius zu glühen begann. Schon die dabei entstehende Druckwelle löste im Meer einen mehrere hundert Meter hohen Tsunami aus. Wenige Sekundenbruchteile später schlug der Brocken dann auf der Erde auf und löste eine Detonation aus, die hunderttausendmal größer war, als die Explosion des gesamten

Atomwaffenarsenals auf der Erde es wäre. Eine Fontäne glühender Materie aus Staub, Schwefel, Salpetersäure und Chlorgas stieg kilometerweit in die Luft, zerstörte dort die Ozonschicht und blockierte für Jahrzehnte das Sonnenlicht. Ein globaler dunkler Ganzjahreswinter senkte sich über die Erde. Dagegen ist die finnische Polarnacht Karneval in Rio.

Doch Leben ist zäh. Trotz dieser immensen Zerstörung ist es dem Meteoriten nicht gelungen, wirklich alles Lebendige auszulöschen. Zu den Überlebenden gehörte eine kleine, unbedeutende Gruppe von Tieren, die beinahe wie Spitzhörnchen aussahen: Die Vorfahren aller heute lebenden Säugetiere, einschließlich uns Menschen. Wer hätte das gedacht? Eine der schlimmsten Katastrophen der Erdgeschichte bildete die Grundlage für den Aufstieg des Homo sapiens. Immer, wenn eine Spezies ausstirbt, nutzt eine andere Art den freien Platz. Der frühe Vogel mag vielleicht den Wurm fressen, aber erst die zweite Maus bekommt den Käse …

Die nächste Katastrophe steht übrigens schon vor der Tür. Im Schnitt trifft uns nämlich alle 50 Millionen Jahre ein großer Meteorit. Das heißt, wir sind sozusagen überfällig. Am 21. Dezember 2012 hat es ja nicht geklappt, möglicherweise, weil die Maya in ihrem Kalender einen Zahlendreher hatten. Aber der nächste Einschlag wird kommen. Ich tippe mal auf den 31. August 4500. An diesem Tag endet der Outlook-Kalender.

Doch auch dann wird das Leben auf der Erde nicht zu Ende sein. Aller Voraussicht nach werden wir Menschen jedoch nicht überleben. Ein Jammer. Vor allem für die, die kurz vorher noch gebaut haben.

PER MAIL

WIE VIELE MENSCHEN GIBT ES AUF DER WELT?

Stephanie F. (37) aus Vechta

Das ist eine knifflige Frage. Denn in vielen Ländern funktioniert das Einwohnermeldeamt nicht ganz so prima wie hier. Versuchen Sie mal in Aserbaidschan Köpfe zu zählen. Oder in Ihrem eigenen Haus, wenn Ihr 14-jähriger Sohn eine Party feiert. Ich wette, Sie übersehen mindestens zehn Prozent, die im Hobbykeller auf Tauchstation gegangen sind. Dennoch verkündeten im Oktober 2011 die Vereinten Nationen ziemlich großspurig die Geburt des siebenmilliardsten Menschen auf dem Planeten. Angeblich war es ein Mädchen aus Manila. Angesichts der Geburtenrate auf den Philippinen (aktuell: 3,1 Kinder pro Frau) erstaunt das nicht. Ein Jubiläumsbaby aus Deutschland wäre dagegen eine Überraschung gewesen. Mit einer Geburtenrate von 1,39 Kindern pro Frau sind wir weltweit ganz hinten mit dabei. Knapp vor dem Vatikan.

Doch auch, wenn es in Brandenburg und dem Westerwald anders aussieht – klar ist: Die Weltbevölkerung wächst. Für die erste Milliarde benötigten wir vom Beginn unserer Existenz bis ins frühe 19. Jahrhundert. Die zweite Milliarde ging dann schon merklich flotter. Sie wurde rund 130 Jahre später erreicht. 1960 waren es dann schon drei Milliarden. Und so ging das muntere Spielchen weiter. Immer mehr, immer schneller. Man schätzt, dass derzeit die Weltbevölkerung jährlich um rund 80 Millionen Menschen ansteigt.

Wohin also geht diese Entwicklung? Müssen wir uns Sorgen

machen, dass es in wenigen Jahren nur noch einige Stehplätze auf der Erde geben wird? Gemach, gemach. Zunächst einmal muss man feststellen, dass die Geburtenraten seit den 1970er Jahren kontinuierlich fallen. Seit der Auflösung der Kelly-Family gibt es keine bevölkerungsreiche Kultur auf der Erde mehr, in der die Geburtenrate steigt. Bangladesch, das mit 800 Menschen pro Quadratkilometer am dichtesten bevölkerte Land, hatte 1955 noch eine Geburtenrate von 6,8 Kindern pro Frau. Inzwischen hat sich diese Rate auf 2,7 Kinder mehr als halbiert. In Indien sank sie ähnlich dramatisch von 5,9 auf 2,6 Kinder. Selbst die fruchtbaren Mormonen machen bei dieser Entwicklung mit.

Nimmt man alle Zahlen zusammen, so ergibt sich ein paradoxes Phänomen: Obwohl die absolute Zahl der Weltbevölkerung nach wie vor wächst, verlangsamt sich die globale Wachstumsrate kontinuierlich. Und das, obwohl die Lebenserwartungen parallel dazu permanent steigen. Hält dieser Trend weiter an, so schätzen Bevölkerungsforscher, wird im Jahre 2075 die Zahl der Menschen mit etwas über neun Milliarden ihren Gipfelpunkt erreichen, und danach wird die Weltbevölkerung sogar wieder sinken. Wer hätte das gedacht? Deutschland ist mit seiner niedrigen Geburtenrate seiner Zeit um 60 Jahre voraus!

Die Gründe für diesen globalen demographischen Wandel sind zwar vielfältig, haben aber dennoch ein gemeinsames Charakteristikum: Früher dachte man, Menschen unterscheiden sich bezüglich ihres Populationsverhaltens nicht wesentlich von Kaninchen, Mäusen oder Stubenfliegen. Heute weiß man: Es verhält sich genau umgekehrt. Wenn es Heuschrecken gut geht, vermehren sie sich wie die Fliegen. Wenn es Menschen gut geht, betreiben sie Geburtenkontrolle. Ein bemerkenswerter Zusammenhang, der in allen modernen Gesellschaften beobachtbar ist: In Berlin-Charlottenburg gelten Frauen mit 39 Jahren als frühgebärend, in Neukölln dagegen haben sie mit 39 mitunter schon Enkel.

Sobald sich in einer Gesellschaft Reichtum, gute medizinische Versorgung und Bildung breitmachen, bekommen die Frauen weniger und später Kinder. Irgendwie logisch. Wer will sich schon von fünf quengelnden Bälgern das Austern-Wettessen in Florida vermiesen lassen?

Die besten Verhütungsmittel sind Wohlstand und Sicherheit. Und da besonders die kinderreichen Entwicklungsländer in den letzten Jahrzehnten zu deutlich höherem Wohlstand gekommen sind, wird das Bevölkerungswachstum dort mehr und mehr abgebremst. Wenn sich diese Entwicklung fortsetzt (und danach sieht es eindeutig aus), wird es langfristig und weltweit gesehen aller Voraussicht nach weniger Menschen geben, die im Durchschnitt immer älter werden. Und sie bleiben immer fitter dabei. Wenn Sie einen Blick in die demographische Zukunft wagen wollen, fliegen Sie im Winter einfach nach Mallorca.

— PER POST —

WIESO LEIDEN MEHR MÄNNER ALS FRAUEN UNTER ROT-GRÜN-BLINDHEIT?

Franz M. (71) aus Celle

Auch wenn ich gerne ein Mann bin, gebe ich ganz ehrlich zu, dass wir Typen den Frauen in vielem unterlegen sind. Wir Männer können uns zwar problemlos sämtliche Bundesliga-Ergebnisse bis in die Saison 74/75 merken, aber beim eigenen Hochzeitstag scheitern wir kläglich. Frauen werden im Schnitt sechs Jahre älter als wir, bekommen keine Halbglatzen und sind multitaskingfähig. Im Gegensatz zu mir kann meine Frau zum Beispiel gleichzeitig Musik hören *und* tanzen. Auch was andere körperliche Eigenschaften angeht, sind wir Männer genetisch gesehen eher das Montagsauto der Evolution. Deswegen muss ich Ihnen an der Stelle ein Geständnis machen: Ich bin farbenblind! Ich sage das unter anderem auch deswegen, falls Sie mich mal auf der Bühne oder im Fernsehen sehen und Ihnen die Farbauswahl meiner Krawatte nicht gefällt. Das ist kein schlechter Geschmack, ich kann nichts dafür.

Allzu sehr müssen Sie mich jetzt aber nicht bemitleiden. So richtig farbenblind bin ich nämlich nicht, sondern ich habe nur eine Rot-Grün-Schwäche, kann also die Farben Rot und Grün nicht unterscheiden. Und damit bin ich nicht alleine. Mit Mark Zuckerberg, Paul Newman oder dem Asterix-Zeichner Albert Uderzo bin ich in bester prominenter Gesellschaft. Sogar Flipper und Goofy litten darunter! James Bond glücklicherweise nicht. Stellen Sie sich nur mal vor, 007 steht vor der obligatorischen

Bombe und muss sich in Bruchteilen von Sekunden entscheiden: roter oder grüner Draht?

Rund zehn von hundert Männern haben eine angeborene Rot-Grün-Schwäche, aber nur eine von hundert Frauen. Warum wir armen Männer zehnmal häufiger betroffen sind? Das liegt daran, dass Farbsehen eigentlich das Ergebnis von Gehirntätigkeit ist. Moment, Moment! Nicht, dass Sie jetzt glauben, Frauen nutzen ihr Gehirn mehr als Männer. Das Unglück nimmt bereits im Auge seinen Lauf. Der Mensch sieht mit bestimmten Sinneszellen der Netzhaut farbig – den sogenannten Zapfen. Davon gibt es drei verschiedene Sorten: Rot-, Grün- und Blauzapfen. Jeder Zapfentyp wird durch Licht einer bestimmten Wellenlänge gereizt und wandelt diesen Reiz in elektrische Impulse um. Diese Impulse gelangen dann ins Gehirn, wo die eigentliche Farbwahrnehmung stattfindet. Bei vielen Männern arbeiten ein Teil der Zapfen nicht korrekt. Sie verzapfen sozusagen einen falschen Rot-Grün-Wert, der dann über den Sehnerv ins Gehirn weitergeleitet wird. Kommt die falsche Information im Oberstübchen an, kann Ihr Gehirn noch so intelligent sein – den Fehler kann es nicht mehr ausgleichen.

Bei Rot-Grün-blinden Frauen ist das natürlich genauso. Auch bei ihnen arbeiten die Farbrezeptoren fehlerhaft. Der Grund: ein genetischer Defekt, eine fehlerhafte Bauanleitung für die Zapfen. Deren Bauanleitung liegt auf dem X-Chromosom – dem weiblichen Geschlechtschromosom. Frauen haben zwei davon. Die Damen der Schöpfung sind sozusagen nach dem Prinzip «Safety first» konzipiert: Sie haben immer eine Sicherungskopie in petto. Ist eine Bauanleitung defekt, wird sie durch die andere ausgeglichen, und die Frauen sehen normal farbig.

Ganz anders wir Männer. Wir haben nur *ein* X-, dafür aber noch zusätzlich ein Y-Chromosom. Das ist im Vergleich zum X-Chromosom ziemlich mickrig, aber auf die Größe kommt es ja bekanntlich nicht an. Und so unglaublich viel muss es auch nicht leisten. Im Wesentlichen liegen auf dem Y-Chromosom die Gene zur Spermienproduktion. Viel mehr nicht. Traurig, aber wahr, von der genetischen Ausstattung her sind wir Männer den Frauen komplett unterlegen. Andererseits entstanden durch diesen Mangel auch viele sinnvolle Dinge: Wir können selbstbewusst und zielstrebig Unternehmen gegen die Wand fahren, *Windows Vista* erfinden oder auch in fremde Länder einmarschieren, ohne nach dem Weg zu fragen.

Doch eine Sehschwäche kann das Y-Chromosom leider nicht ausgleichen. Ist auf unserem X-Chromosom ein Software-Fehler, wird dieser gnadenlos aufgedeckt: Nur *ein* Fehler im System sorgt für einen Totalausfall. Und genau deswegen kommt die Rot-Grün-Schwäche bei uns Männern häufiger vor.

Was nicht immer ein Nachteil sein muss. Denken Sie nur an das klassische Beziehungsgespräch vor dem Ausgehen: «Du Schatz, soll ich lieber das blassgrüne, das himbeerfarbene oder das bordeauxrote Kleid anziehen?» Egal, welche Antwort Sie als Normalsichtiger in dem Fall geben – es wird die falsche sein! Wir Rot-Grün-Blinde haben da einen echten evolutionären Vorteil. Wir können einfach sagen: «Nimm doch das graue ...»

— PER MAIL —

WARUM RIECHT NIVEA NACH KINDHEIT?

Tobias B. (29) aus Paderborn

Für den Homo sapiens war der Geruchssinn lange Zeit der vielleicht wichtigste Sinn überhaupt. Er warnte ihn vor verdorbenem Essen, vor Rauch und Feuer und hatte großen Einfluss bei der Partnerwahl. Inzwischen orientiert sich der moderne Mensch hauptsächlich mit Augen und Ohren. Statt an Lebensmitteln zu riechen, schauen wir lieber auf das Haltbarkeitsdatum; noch bevor wir Feuer mit unserer Nase wahrnehmen, warnt uns der Rauchmelder mit einem grellen Piepsen; und einen potenziellen Partner lernen wir durch Geruch nur noch dann kennen, wenn er uns in einer Douglas-Filiale über den Weg läuft. Bei Hunden ist das ganz anders. Die orientieren sich nach wie vor mit Hilfe ihrer Nase. Treffen zwei Hunde aufeinander, beschnüffeln sie sich erstmal ausgiebig. An buchstäblich *allen* Körperstellen. Nicht auszudenken, das wäre bei uns Menschen noch genauso. «Hallo, Herr Müller, wie fanden Sie den 1. Akt? Übrigens, darf ich Ihnen meinen Mann vorstellen …?»

Heute ist ein guter Geruchssinn für die meisten Menschen kein Überlebenskriterium mehr, sondern reines Hobby. Man besucht Kurse in Aroma-Therapie oder hält seine Nase stundenlang in einen hundert Euro teuren Bordeaux hinein. Wirklich üble und gefährliche Gerüche findet man in der heutigen Zeit praktisch nicht mehr. Außer in den Massenunterkünften im Schul-Skikurs natürlich.

Trotzdem ist der Geruchssinn immer noch der unmittelbarste der menschlichen Sinne. Und er unterscheidet sich fundamental von allen anderen. Während Seh-, Hör- und Tastsinn über die vernunftgesteuerte Großhirnrinde laufen, wirken Düfte direkt auf das limbische System, das emotionale Zentrum unseres Gehirns. Genau aus diesem Grund verbinden wir Gerüche so intensiv mit Emotionen. Wenn wir einen Geruch zum ersten Mal in der Nase haben, speichert unser Gehirn automatisch die Stimmung, in der wir uns gerade befinden, zusätzlich ab. Nehmen wir Jahre später den gleichen Geruch wieder wahr, so wird auch die dazugehörende Stimmung mitaufgerufen. Genau deswegen riecht der vermoderte Holzschuppen nach dem ersten Kuss und Nivea-Creme nach Samstagabenden bei «Wetten, dass ..?» im Bademantel auf der Familiencouch.

Ein Geruch kann uns also tatsächlich in eine lange zurückliegende und längst vergessene Situation zurückversetzen, in der wir ihn zum ersten Mal wahrnahmen. Die Wissenschaft bezeichnet dieses Phänomen als «Proust-Effekt», benannt nach dem französischen Autor Marcel Proust. In seinem Werk «Auf der Suche nach der verlorenen Zeit» beschreibt er einen Mann, der ein Stück Gebäck in seinen Tee tunkt, woraufhin eine Fülle an Erinnerungen an seine Kindheit wachgerufen wird, die tief in seinem Unterbewusstsein verschüttet waren.

Auch die Werbeindustrie hat schnell die Macht der Düfte erkannt. Autohersteller parfümieren den Innenraum mit exklusivem Neuwagenduft, Kunststoffschuhe werden mit Lederspray auf teuer und hochwertig getrimmt. Am perfidesten agiert der Modehersteller *Abercrombie & Fitch*: Er versprüht in seinen Läden ein penetrant riechendes Parfüm der eigenen Marke, worauf viele Jugendliche absurderweise total abfahren. In höhlenartigen, stockdunklen Verkaufsräumen schwirren halbnackte Verkäuferinnen herum und starren bei wummernden Bässen teilnahmslos in die Leere. Als ich einmal zufällig in die Hamburger Filiale schlenderte und plötzlich den süßlichen *Abercrombie & Fitch*-Duft in der Nase hatte, bekam ich auf der Stelle Beklemmungen. Dann fühlte ich mich zurückversetzt in eine dunkle, rituelle Zeremonie aus der Jungsteinzeit. Menschenopfer eingeschlossen.

Bis zu 10 000 Gerüche können wir voneinander unterscheiden. Praktisch alle Substanzen, die Sie sich vorstellen können (und natürlich auch die, die Sie sich vielleicht gar nicht vorstellen wollen), sondern einen Teil ihrer Moleküle als Dampf ab. Wirklich alle. Selbst das widerwärtigste Zeug. Und diese Moleküle gelangen dann in Ihre Nase. Ich weiß, das klingt eklig, aber so ist die Natur nun mal. In der Nase treffen diese «Duftstoffe» dann auf die Riechschleimhaut. In ihr befinden sich Rezeptoren für etwa 350 verschiedene Grundgerüche. In einem komplizierten Verfahren, das bisher noch immer nicht vollständig geklärt ist, erzeugen die Rezeptoren bei Ankunft des Duftstoffes ein ganz charakteristisches elektrisches Signal, das über eine High-Speed-Nervenleitung direkt ins limbische System geschickt wird.

Damit wir einen Geruch tatsächlich als Geruch wahrnehmen, muss er also als Molekül tatsächlich vorhanden sein. Bisher ist es noch nicht gelungen, Geruchsstoffe zu digitalisieren oder anderweitig zu simulieren. Aus genau diesem Grund tut man sich wohl auch mit der Entwicklung des Geruchsfernsehens so schwer. Wobei es toll wäre, wenn wir bei einem spannenden Naturfilm über die Alpen auch gleichzeitig den frischen Duft einer Blumenwiese in der Nase hätten. Auch bei den vielen Kochshows wäre da noch Luft nach oben. Und bei «Bauer sucht Frau» könnte man die Geruchsfunktion dann ja ausschalten ...

— PER POST —

WARUM WACHT DER SCHNARCHER NICHT VON SEINEM EIGENEN SCHNARCHEN AUF?

Tanja S. (44) aus München

Auch wenn der Mensch angeblich die Krone der Schöpfung ist, wurde während seines Herstellungsprozesses bei dem einen oder anderen Detail nicht ganz sauber gearbeitet: Wir bekommen vollkommen sinnlos Weisheitszähne, die unser strahlendes Lächeln verzerren, uns wachsen unkontrolliert Haarbüschel an Stellen, an die man ohne fremde Hilfe nicht herankommt, und unser Blinddarm nützt allenfalls dem Kontostand der Chirurgen.

Doch die «Hitliste der unnötigsten Körperteile» führt für mich ganz eindeutig das Gaumensegel an: eine unästhetisch aussehende Doppelfalte, die unmotiviert in unserer Mundhöhle herumhängt und für so manchen Ehekrach sorgt.

Das Gaumensegel ist nicht weniger als der Hauptverursacher für das Schnarchen. Zusammen mit seinen diabolischen Mitstreitern – dem Zäpfchen und den Rachenmandeln – sorgt das Gaumensegel bei jedem zweiten Mann für beeindruckende nächtliche Lärmbelästigungen. Im Schlaf erschlafft die Muskulatur im hinteren Rachenbereich, wodurch sich dieser verengt und die Atemluft mit einem höheren Druck und veränderten Strömungsgeschwindigkeiten durch die Weichteile gepresst wird. Sie beginnen zu vibrieren – und die typischen Schnarchgeräusche entstehen.

Und davor sind selbst historische Persönlichkeiten nicht gefeit: Napoleon, Theodore Roosevelt und Winston Churchill galten als grausame Schnarcher. Tom Cruise sägt jede Nacht so laut, dass Katie Holmes schon kurz nach der Eheschließung auf einem separaten Schlafzimmer bestand. Eine Art Panic-Room. Vielleicht war *das* ja der eigentliche Scheidungsgrund und nicht Toms Mitgliedschaft bei Scientology. Den Schnarchlautstärkenrekord hält übrigens derzeit ein Schwede mit 93 Dezibel, was ungefähr dem lauten Röhren eines Elchs entspricht.

In der Steinzeit machte das alles ja noch Sinn. Denn das imposante Schnarchen diente damals möglicherweise zur Abschreckung von wilden Tieren. Es galt die Devise: Lieber einen röhrenden Hirsch im Bett als einen hungrigen Säbelzahntiger im Esszimmer.

Und für den Fall, dass sich jetzt die Leserinnen die Hände reiben: Ja, auch ihr Frauen seid ohne Probleme imstande, zu schnarchen. Und wie! Der Phantasie sind hierbei keine Grenzen gesetzt. Schnarchen reicht vom unregelmäßigen leichten Schnorcheln über konstantes Röcheln bis hin zum Hochleistungssägen, das in Einzelfällen auch schon mal die Lautstärke einer stark befahrenen Autobahn annehmen kann. Spätestens dann sollte man als Ehepartner über eine Lärmschutzwand im Schlafzimmer nachdenken.

Denn das Leben ist wie so oft ungerecht: Während der Schnarcher, ohne es wirklich mitzubekommen, sein perfides Werk verrichtet, liegt der Partner genervt wach, zählt Schafe oder googelt auf dem iPad unverbindlich den Begriff «Scheidungsanwalt».

Warum aber wacht der Schnarcher nicht von seinem eigenen Krach auf? Hören tut er ihn, denn die Haarzellen in seinem Innenohr registrieren selbstverständlich die Schallwellen. Trotzdem lässt ihn sein Gehirn weiterschlafen. Hirn und Gaumensegel haben nämlich ein stillschweigendes Abkommen getroffen, quasi einen Nicht-Angriffs-Pakt. Solange sich das Hirn noch in der leichten bis mittleren Schlafphase befindet, gibt das Gaumensegel Ruhe. Erst in den Tiefschlafphasen fängt es an, seinen nervtötenden Job zu erledigen. Aber in dieser Phase ist selbst unser Hirn zu müde, um sich um die ankommenden Schallwellen zu kümmern.

Ganz im Gegenteil zu dem Gehirn, das neben uns liegt! Auch wenn manche Ehepartner behaupten, sie lägen auf derselben Wellenlänge und ihre Herzen schlügen im Gleichklang, so sind selbst bei den harmonischsten Partnerschaften die Tiefschlafphasen nicht absolut synchron.

Jeder gesunde Mensch wacht über zwanzigmal in der Nacht auf und schläft direkt wieder ein. Vorausgesetzt, es ist ruhig. Denn in diesen leichten Schlafphasen hören wir die Flöhe husten. Wenn der Partner dann gerade schnarcht: Pech gehabt!

Und wenn Sie jetzt hoffen, dass im Alter mit zunehmender Schwerhörigkeit auch die Toleranz gegenüber dem schnarchenden Partner zunimmt, muss ich Sie leider enttäuschen. Die grausame Wahrheit ist: Ältere Menschen schnarchen lauter. Das liegt am zunehmend weicher werdenden Bindegewebe und mehr eingelagertem Fett. Dadurch wird sozusagen die Schwungmasse größer.

Aber ich verrate Ihnen, wie Sie das Problem im Handstreich lösen können: Ziehen Sie in die USA – dort ist Schnarchen seit 1971 als Scheidungsgrund gesetzlich anerkannt. Und wenn Sie Ihrem Partner trotzdem die Treue halten wollen, versuchen Sie sein Leiden wenigstens zu Geld machen. Nehmen Sie das Schnarchen auf und bieten Sie es bei eBay an. Als «Gesang der Wale».

―――― PER MAIL ――――

WARUM BEKOMMEN WIR EINE ERKÄLTUNG?

Jannis P. (15) aus Osnabrück

Was sich die Natur dabei gedacht hat, so etwas wie Viren zu erschaffen, bleibt ihr großes Geheimnis. Als ob es mit Schnabeltieren, Ameisenbären oder Schlagersängern nicht schon genug bizarre Lebensformen auf diesem Planeten gibt. Dabei sind Viren noch nicht einmal Lebewesen im eigentlichen Sinn. Sie bestehen lediglich aus einer Handvoll Genen und einer Hülle drum herum. Eine schlechte Nachricht, eingewickelt in Proteine. Doch man sollte sie nicht unterschätzen: Erkältungsviren mögen eventuell bei *Wer wird Millionär?* Schwierigkeiten haben, über die 200-Euro-Frage zu kommen, können aber problemlos Günther Jauch für zwei Wochen flachlegen.

Bisher ist kein einziges Virus bekannt, das in irgendeiner Form Gutes bewirkt. Viren sind verantwortlich für Tollwut, Herpes und Computerabstürze. Doch besonders in der nasskalten Jahreszeit haben die miesen, kleinen Plagegeister bei uns Hochsaison. Derzeit sind 200 Virenarten bekannt, die bei uns Menschen eine lästige Erkältung auslösen. Danach ist man übrigens gegen dieses Virus immun. «Toll», denken sich jetzt einige. «Zweimal im Jahr eine Erkältung – und schon nach 100 Jahren ist der Spuk vorbei.» So einfach ist es leider nicht, da Erkältungsviren sehr schnell mutieren und immer wieder neue Variationen auf den Markt bringen.

Erkältungsviren sind übrigens nicht zu verwechseln mit Grippeviren. Auch wenn die Begriffe «grippaler Effekt» und

«Grippe» auf die gleiche Herkunft schließen lassen, haben Erkältungsviren mit Influenza-Erregern etwa so viel gemeinsam wie eine harmlose Kneipenkeilerei mit einem handfesten Bürgerkrieg.

Das Erkältungsvirus schmuggelt sich in die Zellen unseres Nasen- und Rachenraumes ein und übernimmt dort die Kontrolle. Ähnlich wie ein Computervirus programmiert das Erkältungsvirus die Stoffwechselvorgänge in der Zelle um, was dazu führt, dass die Zelle nun selbst das Virus produziert. Quasi eine feindliche Übernahme unter neuem Management. Innerhalb kürzester Zeit reagieren wir mit Schnupfen, Halsbeschwerden, Kopf- und Gliederschmerzen. Das volle *WICK MediNait*-Programm.

Das Erfolgsgeheimnis des Virus ist seine Verbreitungsgeschwindigkeit. Dazu ruft es bei uns starken Husten und Niesen hervor. Die Viren werden dadurch mit bis zu 160 Kilometern pro Stunde auf ihre Reise zum nächsten Wirt geschickt. Der Niesreiz ist also der ICE des Krankheitserregers.

Eine typische Erkältung wirft uns zwar ein paar Tage aus der Bahn, in der Regel ist sie allerdings gesundheitlich harmlos und keinesfalls lebensbedrohlich. Das liegt daran, dass es für Erkältungsviren keinen Vorteil hat, ihren Wirt zu töten. Alkoholiker bringen ihren Wirt ja schließlich auch nicht um. Sie bringen ihn vielleicht zur Weißglut, lassen ihn aber ansonsten in Ruhe seine Arbeit tun. Eigentlich ziemlich clever.

Woher das Virus diese Strategien hat, ist nicht bekannt. Aber schließlich hat es dem Menschen ja auch ein paar Millionen Jahre Lebenserfahrung voraus. Viren haben schon sehr effizient ihr Unwesen getrieben, als der Homo sapiens noch ungeschickt mit Stöcken in Termitenbauten herumgestochert hat oder glaubte, eine zugeschwollene Nase sei eine Strafe Gottes.

Es ist übrigens ein Mythos, dass Erkältungen von Kälte ausgelöst werden. In die Welt gesetzt hat diesen Mythos der Chemiker Louis Pasteur, u.a. Erfinder der Cholera-Impfung. Objekt seiner

Forschung war ein Huhn. Dieses Tier ist wegen seiner hohen Körpertemperatur immun gegen Milzbrandbakterien. Also tauchte Pasteur ein infiziertes Huhn minutenlang in kaltes Wasser, worauf das arme Federvieh jämmerlich zugrunde ging. Allerdings nicht an Milzbrand, wie Pasteur vermutete, sondern an Unterkühlung. Tja, manchmal können sich selbst medizinische Genies irren.

Forscher vermuten, dass in der kalten Jahreszeit deshalb das Ansteckungsrisiko steigt, weil sich im Herbst und Winter die Menschen häufiger in schlecht gelüfteten Gebäuden zusammen mit infizierten Mitmenschen aufhalten. Denn für Erkältungsviren ist ein feuchtwarmer, überhitzter Raum mit Schleim hustenden Mitmenschen eine Art Wellness-Oase mit All-inclusive-Buffet und integriertem Swingerclub.

Doch so ausgefuchst ein Virus auch daherkommt – wir Menschen sind auch nicht auf der Brennsuppe dahergeschwommen. Im Laufe der Evolution haben wir ein ausgeklügeltes Immunsystem entwickelt, das die feindlichen Eindringlinge abwehrt. Es kann zwischen gesunden und kranken Körperzellen unterscheiden und dosiert seine Zerstörungswut so fein, dass es uns schlimmstenfalls mit Fieber ins Bett wirft. Und das müssen wir wohl oder übel in Kauf nehmen.

Hat es uns erwischt, hilft nur, mit viel Schlaf, wenig Stress und gesunder Ernährung die Erkältung auszusitzen. Teure Vitamintabletten zur Vorsorge nützen dagegen nichts. Unsere Nieren besitzen nämlich die Eigenart, überschüssige Vitamine sehr schnell wieder auszusortieren. Der einzige Nutzen, den Sie mit kostspieligen Vitaminpillen haben: Ihr Urin wird wertvoller.

Sogar auf immunstärkende Mittel sollte man bei einer Erkrankung verzichten: Der Virologe Jack Gwaltney von der *University of Virginia* fand bei seinen Untersuchungen Hinweise darauf, dass ein künstliches Hochrüsten unseres Immunsystems den Körper dazu veranlasst, unverhältnismäßig stark zurückzuschlagen. Und somit kippen wir erst recht aus den Latschen.

Ansonsten sollten Sie sich bei einer akuten Erkältungswelle regelmäßig die Hände waschen oder am besten gleich sämtlichen Körperkontakt mit Ihren Mitmenschen vermeiden. Andererseits weiß man, dass gerade regelmäßiger sexueller Kontakt unser Immunsystem aufmöbelt. Ein Teufelskreis!

Mein Tipp wäre daher: Sex ja, aber nur, wenn Sie sich vorher die Hände gewaschen haben.

PER MAIL

WARUM BEKOMMEN MÄNNER GLATZEN?

Thomas S. (47) aus Freiburg

Im Großen und Ganzen ist es phantastisch, ein Mann zu sein. Wir drehen nicht durch, wenn unser Bodymaßindex über die Feiertage um 0,5 Punkte nach oben schnellt, und können problemlos in einer Wohnung leben, in der zwei-, dreimal im Jahr kurz durchgelüftet wird. Inzwischen sind wir sogar fähig, im Sitzen zu pinkeln. Und wenn's schnell gehen muss, auch mal im Stehen. Das soll uns erst mal eine Frau nachmachen.

Gewiss haben wir Männer auch ein paar lästige Konstruktionsfehler. Zum Beispiel neigen zwei Drittel von uns früher oder später zur Glatzenbildung. Oder, um es wissenschaftlich korrekt auszudrücken: zur androgenetischen Alopezie. Schon der Fachausdruck klingt nicht besonders attraktiv. Und ganz ehrlich: Nicht jeder sieht so cool damit aus wie Bruce Willis oder Sean Connery.

Der Grund für erblich bedingten Haarausfall liegt an einem Hormon, das eigentlich für Stärke, Männlichkeit, Potenz und Imponiergehabe bekannt ist: dem Testosteron. Ihm haben wir es zu verdanken, dass uns Haare dort ausfallen, wo's bescheuert aussieht und dort wachsen, wo's nicht gerade schick ist: in der Nase, den Ohren und flächendenkend auf dem Rücken. Wenn es einen Gott gibt, hat er in diesem Punkt nicht seinen besten Tag gehabt.

Wie passt es zusammen, dass Testosteron uns armen Männern die Haare dort nimmt, wo wir sie brauchen, um sie uns dort zu geben, wo sie uns am Allerwertesten vorbeigehen? Wird in unserem

Körper Testosteron abgebaut, entsteht ein Zwischenprodukt, das Hormon Dihydrotestosteron. Und das greift die Haarwurzeln an.

Damit uns die Haare ausfallen, müssen zwei Dinge zusammenkommen: Einerseits muss Dihydrotestosteron in großer Menge aus Testosteron gebildet werden, andererseits muss eine genetische Überempfindlichkeit der Haarwurzeln gegenüber diesem Abbauprodukt bestehen. Ist beides vorhanden, kommt es zum großen Kahlschlag. Mit zunehmendem Alter bildet sich mehr und mehr Dihydrotestosteron, die besonders empfindlichen Kopfhaarwurzeln können sich nicht ausreichend dagegen schützen und streichen nach und nach die Segel. Machen kann man gegen diese Überempfindlichkeit recht wenig. Sie wird nämlich vererbt. Doch bevor Sie jetzt Ihren Vater im Verdacht haben, lesen Sie erstmal weiter. Verantwortlich für Ihr lichtes Haar ist aller Voraussicht nach Ihr Großvater mütterlicherseits. Falls Sie jetzt sagen: «Den konnte ich noch nie leiden ...», haben Sie jetzt einen wissenschaftlich fundierten Grund. Forschern der Universität Bonn ist es nämlich gelungen, den leichten Gendefekt für Haarausfall in der Familienchronik zurückzuverfolgen. Der hauptverantwortliche genetische Übeltäter liegt auf dem X-Chromosom und kann dadurch nur von ihrer Mutter weitervererbt werden. Und da ich nicht davon ausgehe, dass Ihre Frau Mama frisurentechnisch aussieht wie Gregor Gysi, hat sie die schicke Halbglatze mit hoher Wahrscheinlichkeit von ihrem eigenen Vater auf Sie übertragen. Frauen können so grausam sein!

Doch trösten Sie sich, es hätte schlimmer kommen können. Wenigstens können Sie als Glatzenträger mit einem hohen Testosterongehalt kokettieren. Zumindest damit, dass er mal hoch war, denn wissenschaftlich korrekt haben Sie natürlich nur eine hohe Dihydrotestosteron-Konzentration in Ihrer Kopfhaut. Aber die Sache mit dem Testosteron hilft ungemein, wenn man morgens vor dem Spiegel seine höher werdende Stirn in Echtzeit verfolgt.

Es gibt übrigens tatsächlich ein äußeres Zeichen, woran man Männer mit hohen Testosteronwerten erkennt: dem Längenverhältnis von Ring- zu Zeigefinger. Kein Scherz. Männer, deren Ringfinger deutlich länger ist als der Zeigefinger, haben auch eine deutlich höhere Konzentration von Männlichkeitshormonen in sich. Das hängt damit zusammen, dass in der Embryonalphase, in der zum ersten Mal Testosteron gebildet wird, sich gleichzeitig auch die Finger des männlichen Fötus entwickeln.

Deswegen zum Schluss ein kleiner Tipp an die Frauen: Wenn Sie wirklich wissen wollen, was in dem Typen steckt, mit dem Sie gerade flirten, dann achten Sie nicht auf sein volles Haar. Das könnte ebenso gut ein Toupet sein. Schauen Sie auch nicht in seine Augen oder auf den Hintern. Werfen Sie stattdessen einen unauffälligen Blick auf seinen Ringfinger. Neben der Höhe seines Hormonspiegels verrät der Ihnen gleichzeitig, ob sein Besitzer verheiratet ist.

―― PER MAIL ――

WARUM GIBT ES SEX?

Volker K. (52) aus Günzburg

Blöde Frage, denken Sie jetzt wahrscheinlich. Weil's Spaß macht! Das mag ja sein, aber für einen Wissenschaftler ist diese Antwort eher unbefriedigend. Ich könnte mir gut vorstellen, dass auch Selbstbefruchtung ein enormes Spaßpotenzial bietet, trotzdem hat sie sich in der Natur – bis auf wenige Ausnahmen – nicht so recht durchgesetzt.

Früher sah das noch ganz anders aus. Die ersten zweieinhalb Milliarden Jahre ist man auf der Erde ganz gut ohne Sex ausgekommen. In dieser Zeit gaben Mikroorganismen den Ton an. Und die vermehren sich meist asexuell. Sie teilen sich einfach. Das geht schnell, ist effizient und man muss sich nicht mit einem Partner rumärgern, der allabendlich an derselben Fernbedienung rumfummelt.

Es hätte alles so schön bleiben können. Doch vor rund 900 Millionen Jahren hat die Evolution plötzlich flächendeckend und vollkommen unerwartet die freie Liebe eingeführt. Auf den ersten Blick macht das keinen Sinn. Denn die geschlechtliche Vermehrung hat ein paar gravierende Nachteile: Zunächst einmal ist sie ziemlich anstrengend. Man muss aufwendig einen Partner suchen, sich mit ihm abstimmen, und wenn zum Schluss dann endlich alles passt, kommt auch noch weniger Nachwuchs heraus als bei einer asexuellen Fortpflanzung. Die Zeit, die sexuelle Lebewesen für Werbung, Paarung und Aufzucht investieren, nutzen asexuelle Klone viel besser: Sie fressen. Klone brauchen keine bunten

Federn, kein Geweih und noch nicht einmal ein Cabrio, mit dem man keine Parkplätze findet.

Aus der Sicht der Weibchen sieht die Leistungsbilanz beim Sex schlecht aus. Das Problem bei der geschlechtlichen Vermehrung sind – so leid es mir tut – die Männchen. Sie legen weder Eier, noch gebären sie Kinder. Nach der Befruchtung sind sie im Grunde nutzlos. Das Weibchen macht in der Regel die ganze Arbeit, wirft die Hälfte ihrer Gene weg und füllt die andere Hälfte mit den Genen eines Typs auf. Und *der* kümmert sich zu allem Überfluss noch nicht mal besonders um seinen Nachwuchs. Denn die meisten Wirbeltiere agieren nach dem «fuck-and-go»-Prinzip. Zu beobachten bei Bären, Katzen, Goldhamstern oder auch Rockmusikern.

Warum also hat sich der Sex trotzdem durchgesetzt? «Diese Frage gehört zu den Königsproblemen der Wissenschaft.» Das sage nicht ich, sondern Professor Dr. Manfred Milinski. Und der ist immerhin Direktor des Max-Planck-Institutes für Evolutionsbiologie.

Inzwischen glaubt man, einen der Hauptgründe gefunden zu haben. Lebewesen, die sich asexuell vermehren, sind anfälliger für Parasiten und Krankheitserreger. Schmarotzer fühlen sich nämlich immer dann wohl, wenn alles so bleibt, wie es ist. Bei der sexuellen Fortpflanzung dagegen wird der Genpool kräftig durchgerührt. Grundlage dafür ist die Meiose: Eine Form der Zellkernteilung, bei der der doppelte Chromosomensatz, den jedes Lebewesen besitzt, halbiert und neu kombiniert wird.

Trifft nun eine männliche Samenzelle mit einem halbierten Chromosomensatz auf eine weibliche Eizelle, die ebenfalls einen halbierten Satz hat, wird bei der Verschmelzung der doppelte Chomosomensatz wiederhergestellt. Aber mit einer völlig neuen Genkombination von Vater und Mutter. Diese Neukombination hat auch ein neues Immunsystem zur Folge, und genau *das* macht es

Viren, Bakterien oder Würmern schwer, anzugreifen. Wer hätte das gedacht? Schmarotzer sind schuld, dass es Sex gibt!

Die Natur hat es sogar eingerichtet, dass wir unseren optimalen Partner erkennen können. Am Geruch! Der Evolutionsbiologe Professor Claus Wedekind von der Universität Lausanne ließ weibliche Probanden an getragenen T-Shirts männlicher Versuchsteilnehmer schnüffeln und ihren Duftfavoriten auswählen. Tatsächlich wählten die Frauen immer die T-Shirts des Mannes, dessen Immungene sich deutlich von ihren eigenen unterschieden. Das heißt: Diese Männer boten eine optimale immungenetische Ergänzung.

Wenn Sie also nächstes Mal von Ihrer Frau gefragt werden: «Warum liebst du mich?» Dann können Sie ihr antworten: «Weil unsere Pheromone zu den olfaktorischen Rezeptoren passen, sodass die immungenetische Vielfalt unseres Nachwuchses garantiert ist.» Okay, Sie können natürlich auch ein bisschen was über ihre Haare sagen und ihren Charakter und dass sie super aussieht. Aber aus wissenschaftlicher Sicht ist das eher sekundär.

― PER MAIL ―

WIE SCHWER IST MEIN KOPF?

Hannah F. (14) aus Potsdam

Eine hochinteressante, aber leider nicht ganz leicht zu beantwortende Frage. Am einfachsten wäre es natürlich, wenn Sie zur exakten Gewichtsbestimmung Ihren Kopf vom Rest des Körpers abtrennen würden, um ihn dann auf eine Küchenwaage zu legen. Bedauerlicherweise hat eine Enthauptung eine Reihe von unangenehmen Nebeneffekten. Zum Beispiel erweist sich ihre Durchführung mit einem normalen Küchengerät als eher schwierig. Da kommt selbst das beste japanische Messerset an seine Grenzen. Zudem gibt es bei unerfahrenem Umgang eine erhebliche Sauerei, die dann im Zweifel ein anderer wegmachen muss. Denn der größte Nachteil an der Sache ist: Sie bekommen bei erfolgreichem Abschneiden das Ergebnis Ihrer Messung nicht mehr mit.

Erfreulicherweise gibt es eine wesentlich elegantere Methode, das Gewicht Ihres Kopfes zu bestimmen, ohne in die Abendnachrichten zu kommen: Füllen Sie einen Zehn-Liter-Eimer randvoll mit Wasser. Holen Sie tief Luft und tauchen Sie Ihren Kopf vollständig unter. Langsam und vorsichtig, und zwar exakt bis zum Kinn. So lange, bis nichts mehr überschwappt. Wenn sich die Wasseroberfläche beruhigt hat, etwa nach zwei, drei Minuten, ziehen Sie Ihren Kopf vorsichtig wieder aus dem Wasser. So, das Schwierigste haben Sie geschafft! Ein kleines «Heureka» ist an der Stelle durchaus angebracht. Wenn Sie alles richtig gemacht haben, ist der Wasserspiegel in dem Eimer deutlich gesunken. Und zwar genau um die Wassermenge, die Ihr Kopf verdrängt hat (außer, Sie haben geschummelt und Wasser geschluckt). Nun müssen Sie nur noch das Volumen des verschütteten Wassers messen. Nehmen Sie dazu einen Messbecher, füllen Sie damit den Eimer wieder auf und notieren Sie, wie viel Wasser Sie dafür benötigen. Erfahrungsgemäß sind das so um die vier Liter, was einer Masse von etwa vier Kilogramm entspricht. Ist das eine gute Schätzung für Ihren Kopf? Wenn er die gleiche Dichte wie Wasser hat, dann schon. In der Regel liegt sein spezifisches Gewicht allerdings ein wenig darüber. Vier Liter Wasser sind also etwas leichter als vier Liter «Kopf».

Als ambitionierter Wissenschaftler sollten Sie sich mit dieser Näherung nicht zufriedengeben. Daher hier eine etwas verfeinerte Methode: Teilen Sie das ermittelte Kopf-Volumen durch das Gesamtvolumen Ihres Körpers. *Das* können Sie ganz bequem beim nächsten Vollbad auf die gleiche Weise ermitteln. Sagen Sie in dem Fall aber vorsorglich Ihrem Nachbarn einen Stock unter Ihnen Bescheid. «Hallo, Herr Müller, heute Abend kann Ihre Stuckdecke ein wenig feucht werden ...»

Nun müssen Sie den Quotienten von Kopf- zu Gesamtvolumen nur noch mit Ihrem Gesamtgewicht multiplizieren. Voilà! Als Resultat bekommen Sie nun ein Kopfgewicht unter der Annahme, dass Ihr Schädel die gleiche Dichte hat wie Ihr restlicher Körper. Das ist eine ziemlich gute Abschätzung. Und zwar unabhängig vom Intelligenzgrad des jeweiligen Probanden. Auch wenn es paradox klingt: Kluge Menschen haben die gleiche Hirndichte wie Typen, die nix in der Birne haben.

Natürlich können die ganz ausgefuchsten Spezialisten unter Ihnen die Kopfdichte auch exakt bestimmen. Gehen Sie dazu einfach in Ihren Hobbykeller und werfen Sie für ein paar Minütchen den Computertomographen an. Aber geben Sie vorsorglich auch in diesem Fall Ihrem Nachbarn Bescheid. Die Dinger sind nämlich ganz schön laut ...

— PER FAX —

WACHSEN HAARE NACH DEM TOD WIRKLICH NOCH WEITER?

Anja K.-R. (36) aus Bottrop

Der menschliche Körper arbeitet ständig auf Hochtouren. 24 Stunden am Tag, 7 Tage die Woche. Wenn das die Gewerkschaften rauskriegen! Allein unser Herz pumpt 7000 Liter Blut pro Tag durch unseren Körper. Ein kompliziertes System aus Zellen, Geweben und Organen ist rund um die Uhr tätig, um uns bei Laune zu halten. Wir bekommen alle fünf Tage eine neue Magenschleimhaut. Die Leber ist sogar in der Lage, operativ entfernte Teile nach nur wenigen Wochen neu zu bilden. Eine Hautzelle regeneriert sich alle sechs Wochen, ein rotes Blutkörperchen alle 120 Tage. Während unserer Lebenszeit wird unser Körper mehrfach runderneuert. Man schätzt, dass alle sieben bis neun Jahre jede menschliche Zelle durch eine neue ersetzt wurde. Deswegen sagen nach dieser Zeit auch viele Menschen über ihren Partner: «Der kommt mir plötzlich so fremd vor ...»

Irgendwann jedoch ist endgültig Schluss mit der ständigen Erneuerung. So frustrierend es auch ist: Wir alle müssen sterben. Sämtliche höheren Organismen haben ein eingebautes Programm, das die Zellen altern lässt (Cher vielleicht ausgenommen). Diese teilen sich mit den Jahren immer langsamer, Kopierfehler häufen sich, der Körper verfällt, und plötzlich steht der Sensenmann vor der Tür.

Wann *genau* wir allerdings tot sind, ist sowohl medizinisch als auch juristisch nicht ganz einfach zu beantworten, denn der Tod ist keine waagrechte Linie mit einem durchgehenden Piepston. Wenn wir sterben, stirbt unser Körper nämlich nicht sofort: Bis jede Zelle im menschlichen Körper gestorben ist, vergehen Stunden. Bis alle chemischen Strukturen zerstört sind, Tage.

Wenn unser Herz stehenbleibt, wird das Gehirn nicht mehr mit Sauerstoff versorgt. Nach etwa zehn Sekunden werden wir bewusstlos, eine Minute später setzt die Atmung aus. Zu diesem Zeitpunkt ist ein Mensch laut Definition «klinisch tot». Doch sein Leben hat er noch nicht ausgehaucht. In diesem Stadium befinden wir uns in einem Zustand, der grundsätzlich umkehrbar ist. Unser Gehirn kann zum Beispiel drei bis fünf Minuten ohne Sauerstoff auskommen. Wenn wir unterkühlt sind, noch länger. Werden wir in diesem Zeitfenster reanimiert, sind wir dem Tod buchstäblich noch mal von der Schippe gesprungen.

Nach diesem Zeitraum sieht es allerdings nicht mehr gut aus. Bereits nach fünf bis acht Minuten ohne Sauerstoff sterben die ersten Nervenzellen im Gehirn ab. Schon wenige Minuten später ist das Gehirn so extrem geschädigt, dass es zentrale Aufgaben nicht mehr erfüllen kann. Es kommt zum Hirntod – der unwiderruflichen Zerstörung des Gehirns. Diese neue Definition des Todes wurde durch moderne Intensivmedizin notwendig, da man inzwischen viele Herztote erfolgreich wiederbeleben kann. Doch auch der Hirntod ist umstritten. Man weiß heute, dass ein Mensch seine höheren Gehirnfunktionen gänzlich verlieren kann, während die niederen in Hirnstamm und Kleinhirn noch vorhanden sind. Ich bin sicher, Sie alle kennen dieses Phänomen in Ihrem weiteren Bekanntenkreis.

Trotzdem gilt der Hirntod in der modernen Medizin juristisch als Tod. Doch selbst dann ist noch lange nicht alles Leben im Körper verschwunden.

Leber und Herz können bis zu eine Stunde ohne Sauerstoffzufuhr überstehen, ebenso die Lunge. Was der Lunge freilich relativ wenig bringt, denn das Atemzentrum im Gehirnstamm ist bereits zerstört. Magen und Darm arbeiten sogar noch einen ganzen Tag weiter. Die Schweißdrüsen sondern bis zu 30 Stunden nach dem Tod Schweiß ab, wenn man Adrenalin spritzt. Auch die Pupillen reagieren bis zu 30 Stunden auf Adrenalin. Sie verengen oder erweitern sich – supravitale Reaktionen werden diese Phänomene genannt. Nebenbei bemerkt: Dass Fingernägel und Barthaare nach dem Tod noch weiterwachsen, ist ein moderner Mythos. Die entsprechenden Zellen leben zwar noch einige Tage, wachsen tun sie aber nicht mehr. Weil jedoch die Haut nach dem Tod eintrocknet, treten Nägel und Haare stärker hervor, wodurch wir den Eindruck bekommen, sie würden länger.

Nach drei bis vier Tagen schließlich beginnt schließlich die Autolyse, die Selbstauflösung des Körpers. Enzyme und Bakterien zersetzen die Zellen. Die Fäulnis beginnt, und das Gewebe verflüssigt sich. Doch auch jetzt ist die letzte menschliche Zelle noch nicht abgestorben: Knorpelzellen sind noch fünf Tage nach dem letzten Herzschlag lebendig! Man könnte sie bedenkenlos entnehmen und transplantieren.

Am allerlängsten lebt – wie könnte es anders sein – das, was einmal Leben erschaffen konnte. Bis zu sieben Tage nach dem Tod sind Spermatozoen intakt. Der Mann dazu ist in der Regel schon Tage begraben.

―――― MÜNDLICHE ZUSCHAUERFRAGE ――――

WARUM SCHLIESSEN WIR UNS SO GERNE DER MEHRHEITSMEINUNG AN?

Gustav L. (67) aus Weener

Wieso kaufen wir iPhones, trinken Coca-Cola, trennen Müll oder bleiben als Fußgänger fünf quälende Minuten lang an einer roten Ampel stehen, wenn es die anderen um uns herum auch tun? Und warum laufen wir plötzlich mit los, sobald einer oder zwei der Fußgänger einfach die Straße überqueren?

Viele von uns sind davon überzeugt, sie treffen derlei Entscheidungen eigenständig und aus freien Stücken. Doch das stimmt nicht ganz. In Wahrheit ist es mit unserem individuellen, selbstständigen Handeln gar nicht so weit her.

Zu diesem Phänomen führte der Sozialpsychologe Solomon Asch in den 50er Jahren ein legendäres Experiment durch: Er legte einer Gruppe von Freiwilligen Karten mit unterschiedlich langen Linien vor und bat sie, diejenigen auszuwählen, auf denen die Linien gleich lang waren. Der Gag an der Sache: Die meisten Probanden waren in das Experiment eingeweiht und gaben absichtlich allesamt die gleiche, eindeutig falsche Antwort. Asch wollte wissen, ob sich die echten Versuchsteilnehmer davon beeinflussen ließen. Das Ergebnis war verstörend: Nach leichtem Zögern schlossen sich rund 80 Prozent der untersuchten Personen der Mehrheitsmeinung an und stimmten der falschen Antwort zu. Je größer die Gruppengröße der Leute mit den falschen Antworten war, umso deutlicher war das Ergebnis. Oft jedoch reichte schon ein einziger

«Komplize», der widersprach, und die Testperson bestand auf ihrer richtigen Meinung.

Im Jahre 2005 entwickelte der Neurowissenschaftler Gregory Berns von der *Emergy University* in Atlanta das Asch-Experiment noch weiter. Mit Hilfe der Magnetresonanztomographie überwachte er die Gehirnaktivität seiner Probanden und stellte etwas noch Absurderes fest: Immer, wenn sich die Teilnehmer entgegen ihrer eigenen Wahrnehmung der Mehrheit anschlossen, war die höchste Aktivität im intraparietalen Sulcus zu verzeichnen, einem Bereich, der für das räumliche Vorstellungsvermögen zuständig ist. Die Teilnehmer hatten sich folglich nicht nur bewusst für eine falsche Antwort entschieden, sie nahmen nach dieser Entscheidung die Länge der Linien auch tatsächlich anders wahr! Ein Phänomen, das vielen Frauen bekannt vorkommt, wenn Männer untereinander von «20 Zentimetern» sprechen.

Offenbar ist der Drang nach Konformität bei uns Menschen so stark ausgeprägt, dass normale, intelligente und aufgeschlossene Menschen unter bestimmten Bedingungen glauben, dass eine blaue Wand grün ist oder dass zwei plus zwei fünf ergibt. Deswegen kommen wahrscheinlich in vielen politischen Ausschüssen oftmals so absurde Entscheidungen zustande.

Wissenschaftler vermuten, dass dieser Gruppendruck tief in unserem evolutionären Erbe verwurzelt ist. Die menschliche Spezies hat bis heute überlebt, weil unsere Urahnen darauf konditioniert waren, anhand einfacher Regeln Entscheidungen zu treffen. Und eine zentrale Entscheidung war: «Tu das, was die anderen auch tun, dann liegst du nicht ganz falsch.» Irgendwie logisch. Denn in der Steinzeit war der Einzelgänger ein gefundenes Fressen für den Säbelzahntiger.

Für unsere Urahnen war es schlicht und einfach profitabler, ohne groß nachzudenken gemeinsam in die falsche Richtung zu marschieren, als alleine in die richtige. Kein Wunder, dass wir

Gruppenharmonie über fast alles stellen. Denn weil die Vorteile der Gruppenzugehörigkeit die Nachteile des Alleinseins lange Zeit ausstachen, schließen wir uns auch heute noch im Zweifelsfall der Mehrheitsmeinung an.

Wir spenden Blut, weil es unsere Nachbarn auch tun, hören die gleiche Musik wie unsere Freunde oder gehen denselben Verführern auf den Leim. Gruppendenken und kollektive Gefühle funktionieren in die positive genauso wie in die negative Richtung.

Die Gründe davon mögen im Einzelfall individuell, vielfältig und komplex sein. Doch das Asch'sche Konformitätsexperiment hat auf plakative Weise gezeigt, wie viel Steinzeit-Mensch auch nach Tausenden von Jahren Zivilisation in uns steckt. Die Angst vor dem Säbelzahntiger steckt uns immer noch in den Knochen. Und das, obwohl das Tier schon vor einer halben Ewigkeit ausgestorben ist.

— PER MAIL —

WANN HAT SICH SPRACHE ENTWICKELT?

Ingrid B. (52) aus Sinsheim

Glaubt man der Bibel, verständigten sich am Anfang alle Menschen in derselben Sprache. Dadurch waren sprachliche Missverständnisse ausgeschlossen. Man redete miteinander, hielt hocheffiziente Meetings ab und konnte dadurch in Rekordzeit den Turm zu Babel errichten. Ein riesiges Teil, das bis zum Himmel reichte. Gott jedoch fand dieses Bauwerk größenwahnsinnig und beschloss zur Strafe, die menschliche Sprache zu verwirren. «Auf das keiner des anderen Sprache mehr verstehe.»

Folge davon war die babylonische Sprachverwirrung, die bis zum heutigen Tag auf jeder Großbaustelle anzutreffen ist. Ist das vielleicht sogar der Grund, weshalb der Bau des Berliner Flughafens solche Probleme bereitet?

Ob sich das Ganze wirklich so zugetragen hat, darf stark bezweifelt werden. Wissenschaftler jedenfalls schätzen, dass der Homo sapiens vor etwa 200 000 Jahren zu sprechen begann. Eine revolutionäre Errungenschaft, die es ihm ermöglichte, erworbenes Wissen weiterzugeben, Erfahrungen auszutauschen oder schlicht und einfach mit potenziellen Geschlechtspartnern zu kommunizieren. Vorher war der Wortschatz beim Flirten ja eher begrenzt. Der beliebteste Anmachspruch von damals lautete: «Uh uh uuhhh!» Heute findet diese primitive Form der Verständigung nur noch am Strand von El Arenal Anwendung.

Der Linguist Steven Pinker rechnete aus, dass ein Durchschnittsdeutscher rund 10 000 Hauptwörter und 4000 Verben pro Tag benutzt. Der Großteil von Frauen.

Schon früh in der Geschichte bildeten sich unterschiedliche Sprachen heraus. Inzwischen gibt es über 6000 verschiedene, die man in 20 große Sprachfamilien unterteilen kann.

Jeder weiß, wie schwierig es ist, mit Kulturen zu kommunizieren, die eine andere Sprache sprechen. Wenn zum Beispiel eine Gruppe Deutscher in einem Wiener Caféhaus «zwei Verlängerte, einen Einspänner, eine Melange und zwei große Braune» bestellt, geht der Ober zur Theke und sagt: «Mietzi, sechs Kaffee ...»

Das zeigt: Selbst, wenn wir uns in derselben Sprache verständigen, kann eine Vielzahl von Missverständnissen aufkommen. Denn jede Region hat nicht nur ihren eigenen Dialekt, oftmals werden ein und dieselben Worte in einem vollkommen anderen Sinnzusammenhang gebracht. Die vierfache Verneinung «Hat da net kaner ka Messer net mit debei?» ist beispielsweise im hessischen Wetterau-Kreis ein oft benutztes Satzkonstrukt. Jeder Wetterauer weiß, was gemeint ist (zumindest ungefähr). Verwenden Sie aber den gleichen Satz nur zwanzig Kilometer weiter im Taunus, schlägt Ihnen verzweifelte Ratlosigkeit entgegen.

Noch verwirrender wird das Ganze, wenn wir uns nicht auf der geographischen, sondern auf der chronologischen Achse bewegen. Worte, die früher wie selbstverständlich benutzt wurden, erzeugen heute nur noch ungläubiges Staunen. Fragen Sie einen Zwölfjährigen einfach mal, was seiner Meinung nach das Wort «Bandsalat» bedeutet. Oder «Wählscheibe».

Hier lachen wir vielleicht, aber wissen Sie, was man unter krâm versteht? Oder unter einer schübelinc? Im Mittelhochdeutschen waren das ganz normale, gängige Worte. Jeder benutzte den Begriff «krâm», wenn er eine Zeltdecke auf dem Wochenmarkt erwerben wollte. Danach aß er vielleicht noch eine schübelinc – eine Bratwurst mit Senf und Brot.

Viele Redewendungen, die auch heute noch benutzt werden, kommen aus früheren Zeiten. Der Spruch «sauer macht lustig» zum Beispiel. Um 1700 herum bedeutete «lustig» «gelustig», also «auf etwas Lust haben» – und zwar im Sinne von «Lust auf etwas zu essen». Sauer macht also gar nicht lustig, sondern im eigentlichen Wortsinn: hungrig! Die Säure reizt nicht unsere Lachmuskeln, sondern regt den Speichelfluss und die Magensäurereproduktion an. Das ist im Übrigen auch der Grund, weshalb viele Antipasti oder Horsd'œuvres wie Gurken, Kapern, eingelegte Pilze, Auberginen, Meeresfrüchte pikant bis säuerlich sind. Wenn Ihnen Ihr Lieblingsitaliener also das nächste Mal einen kleinen Vorspeisenteller «auf di Hausse» spendiert, dann wissen Sie, was er damit beabsichtigt. Egal, ob Sie Italienisch können oder nicht.

PER MAIL

WARUM MACHT UNS ALKOHOL SCHWINDLIG?

Daniel N. (22) aus Karlsruhe

Der menschliche Körper ist ein wahres Wunderwerk. Auch, wenn der ein oder andere Körper so gar nicht danach aussieht. Alleine die Tatsache, dass wir zügig durch eine vollbesetzte Kneipe laufen können, ohne hinzufallen oder mit anderen zusammenzustoßen, ist eine Fähigkeit, die selbst modernste Roboter an ihre Grenzen bringt. Ein hochkompliziertes, fein abgestimmtes Zusammenspiel von Tastsinn, Muskeln, Nerven, Augen, Innenohr und Gehirn.

Wenn Hamlet sagt: «Welch ein Meisterwerk ist der Mensch. Wie edel durch Vernunft, wie unbegrenzt an Fähigkeiten», dann sollten wir nicht an Mozart oder Einstein denken, sondern an unseren achtzehnmonatigen Neffen, der gerade gelernt hat, in die Küche zu laufen, um seinen Plüschhasen vom Tisch zu holen. Die technischen Probleme, die wir Menschen beim Gehen, Stehen, Rennen oder Hüpfen lösen, sind weitaus komplexer als die Landung auf dem Mond oder die Komposition von «You're My Heart, You're My Soul».

Dies wird spätestens dann ersichtlich, wenn wir zu viel Alkohol getrunken haben. Dann ist es plötzlich vorbei mit Hamlets edlem menschlichem Meisterwerk. Bereits ab 0,3 Promille leidet unsere mühsam erworbene Koordinationsfähigkeit. Unser Gleichgewichtssystem spielt verrückt. Wir taumeln, schwanken, stolpern und sind selbst unter Aufbietung aller Kräfte nicht mehr fähig, auf geradem Weg zu unserem Auto zu laufen. Stattdessen scheint sich alles um uns zu drehen – nicht umsonst sagt man: «Der Schnaps hat 40 Umdrehungen.»

Damit wir uns vernünftig im Raum bewegen können, müssen mindestens drei Sinnessysteme zusammenspielen: Die Tiefensensibilität in den Muskeln informiert unser Gehirn, wo sich unsere Körperteile gerade aufhalten. Die Augen sagen uns, wo wir uns befinden, und das Gleichgewichtsorgan im Innenohr meldet uns, ob wir gehen, sitzen, hüpfen oder auf dem Kopf stehen.

Die Ursache für den alkoholbedingten Schwindel liegt meist im Innenohr. Dort befinden sich sensible Bewegungsmelder, die in einer gallertartigen Masse schwimmen und mit Nervenzellen am Rand verbunden sind. Dreht man sich zum Beispiel schnell um die eigene Achse und bremst abrupt ab, reagiert die Flüssigkeit im Innenohr träger als der eigene Körper. Die Bewegungsmelder messen also noch eine Bewegung, während das Auge keine mehr sieht. Kurzzeitiger Schwindel ist die Folge.

Doch nun kommt Gevatter Alkohol ins Spiel. Trinkt man einen über den Durst, so gelangt ein Teil des Alkohols über das Blut ins Innenohr und verwirrt die darin befindlichen Bewegungsmelder. Beim Sitzen ist das noch nicht so schlimm; immerhin haben wir ja noch Augen und Tastsinn, die uns bei der freundlichen Kellnerin nicht nur die nächste Runde bestellen lassen, sondern auch noch halbwegs unser Gleichgewicht aufrechterhalten. Die Ernüchterung kommt beim Aufstehen. Unser Tastsinn greift ins Leere, die Augen sind halb geschlossen, und das Innenohr können Sie in der Phase sowieso vergessen. Kurz gesagt: Ihr Gleichgewichtssinn läuft auf Reserve. Zu allem Unglück hat sich der Alkohol auch noch Ihres Kleinhirns bemächtigt. Dort wird normalerweise die Feinabstimmung der Körper- und Augenbewegungen koordiniert. Und mit der ist's nun weitestgehend vorbei. So wanken wir mehr schlecht als recht nach Hause, begrüßen das fremdartige Wesen, das uns im Badezimmerspiegel anglotzt, und fallen ins Bett. Wir schließen die Augen und geben damit dem schwer angeschlagenen Gleichgewichtssinn den Rest: Jetzt hat das Gehirn überhaupt keinen Plan mehr, wo wir sind. Komplette Verwirrung. Der Schwindel verstärkt sich, und wir fahren Karussell. Das Einzige, was in dieser Phase hilft, ist die Reaktivierung des Tastsinns. Auch wenn es absurd klingt: Hängen Sie einfach einen Fuß aus dem Bett und stellen Sie ihn auf den Boden! Damit geben Sie Ihrem Gehirn wieder eine eindeutige Information. Unter Umständen hört das Drehen auf. Wie hat es der berühmte Karussell-Fahrer Dean Martin ausgedrückt? «Du bist nicht betrunken, wenn du noch auf dem Boden liegen kannst, ohne dich festzuhalten.»

MÜNDLICHE ZUSCHAUERFRAGE

WAS IST DAS GEHEIMNIS EINER GLÜCKLICHEN EHE?

Helga D. (54) aus Rostock

Eine nicht repräsentative, diskrete Studie in meinem Bekanntenkreis ergab folgende Statistik: Neben den Paaren, die nach 10, 15 Jahren immer noch glücklich sind (ca. 10–15 Prozent) gibt es eine Menge Paare, die sich irgendwie durch ihre Beziehung wurschteln (ca. 50–60 Prozent). Beim Rest herrscht purer Krieg. Ein frustrierendes Resultat. Was also ist das Geheimnis einer guten Beziehung? Liebe? Sex? Gleichgültigkeit?

Keine Angst, Sie bekommen an dieser Stelle keine Beziehungs-Tipps à la *Echo der Frau*. Ich bin als Physiker eher zahlenorientiert. Mit Romantik kann ich nicht so viel anfangen, denn alles, was romantisch ist, ist unlogisch. Wenn Sie zum Beispiel von Ihrer Liebsten gefragt werden, ob Sie an «Schicksal» glauben, dann wirkt es extrem romantisch, wenn Sie sagen: «Natürlich! Es muss auf jeden Fall etwas Übersinnliches geben, das uns zusammengeführt hat.» Antworten Sie dagegen: «Na ja, das menschliche Gehirn hat eben die Tendenz, bei belanglosen Zufällen eine Ursache-Wirkungs-Schleife zu entwickeln, die ...» – vergessen Sie's.

Was also kann die Wissenschaft über langjährige, glückliche Beziehungen aussagen? Erstaunlich viel. Der amerikanische Verhaltenspsychologe John Gottman hat zusammen mit seiner Frau Julie Schwartz-Gottman in den 90er Jahren ein faszinierendes Verfahren entwickelt, mit dem er verlässlich voraussagen kann, ob Ihre Beziehung die nächsten fünf Jahre überlebt. Und zwar mit 90-prozentiger Trefferwahrscheinlichkeit! Alles, was er dazu benötigt, ist ein 30-minütiges Gespräch zwischen den Partnern. Dabei fordern die Gottmans die Paare auf, miteinander über die letzte Party, das nächste Urlaubsziel oder die Arbeitsaufteilung im Haushalt zu sprechen. Sie sollen also keine großen Grundsatzdiskussionen über den Beziehungsstatus führen, sondern eher über belanglose Alltagsdinge plaudern. Danach sieht sich das Gottman-Team die Video- und Ton-Aufzeichnungen an und analysiert die Interaktion mit Hilfe eines gnadenlosen Zahlenschlüssels, dem sogenannten SPAFF-System. Alle sechs Sekunden werden Affekte wie Streitlust, Humor, Jammern, Interesse, Verachtung oder Ekel gemessen; insgesamt 20 verschiedene Kategorien, die jeder möglichen Stimmung des Paares entsprechen. Jede noch so kleine Gefühlsregung in Stimme, Mimik und Gestik wird gnadenlos analysiert und wissenschaftlich exakt mit einer nüchternen Nummer versehen. Sekunde für Sekunde. Ekel hat die Nummer 1, Gejammer die 11, Blockadehaltung die 13. Am Ende des Videos stehen 600 Ziffern auf dem Analysenblock der Wissenschaftler. 300 für die Frau, 300 für den Mann. So bedeutet zum Beispiel die Ziffernfolge 7, 14, 10, 11, dass eine der beiden Personen zunächst ärgerlich war, sich kurz neutral gefühlt hat, dann in eine Verteidigungshaltung übergegangen ist und schließlich ins Jammern verfiel. Diese Zahlenreihen werden in den Computer eingegeben, der dann nach einer von Gottman entwickelten speziellen Formel die Scheidungswahrscheinlichkeit des Paares angibt.

Ich will Sie an der Stelle nicht mit höherer Mathematik nerven, vielleicht nur so viel: Der Faktor «Humor» hat den Gottmans zufolge den mit Abstand stärksten Einfluss auf die Stabilität einer Ehe. Wenn man zusammen lachen kann, ist das offenbar schon mal die halbe Miete. Und das kann man üben. Kaufen Sie beispielsweise zum Hochzeitstag einfach mal eine scheußliche Jacke im Partnerlook, und beobachten Sie die Reaktion Ihres Partners.

> Nach Drehschluss tanze ich auch gerne mal meinen Namen.

Flüstern Sie nach einem leidenschaftlichen Kuss Ihrem Mann ins Ohr: «Wusstest du, dass wir gerade 250 verschiedene Bakterien und rund 40 000 Parasiten ausgetauscht haben?» Sprechen Sie zum Spaß unter dem Weihnachtsbaum Ihre Frau einfach mal mit falschem Vornamen an. Wenn Sie beide darüber lachen können, werden Sie das wahrscheinlich auch noch in fünf Jahren gemeinsam tun.

Absoluter Beziehungskiller ist dagegen die Gefühlsregung «Verachtung», die sich in kleinen, kaum wahrnehmbaren Gesten ausdrückt, sich aber praktisch nicht verbergen lässt: Augenrollen, unwirsches Sich-gegenseitig-ins-Wort-Fallen, verbale Abwertung. Wenn die Gottmans diese Affekte häufiger beobachten, ist die Ehe praktisch am Ende.

Das Gottman'sche Verfahren ist über die Jahre hinweg immer mehr verfeinert und verbessert worden und kann den Verlauf einer Beziehung mit erstaunlicher Präzision voraussagen. Die Ironie an der Geschichte: Die wenigsten Paare sind bereit, sich diesem Test zu unterziehen! Deswegen verdienen die Gottmans inzwischen ihr Geld mit üblicher Paartherapie. Wenn sie ihren Klienten vorschlagen: «Wir haben da ein Verfahren, das Ihnen in 30 Minuten schwarz auf weiß zeigt, ob sich die ganzen langwierigen Therapiesitzungen lohnen», lehnen die meisten dankend ab. Das SPAFF-Verfahren ist ein Ladenhüter. Es wirkt für eine Beziehung wie eine Brille für einen Kurzsichtigen. Man schaut völlig neu auf Altbekanntes und denkt sich im selben Moment: «Ach du Scheiße. So genau wollte ich's eigentlich gar nicht wissen.»

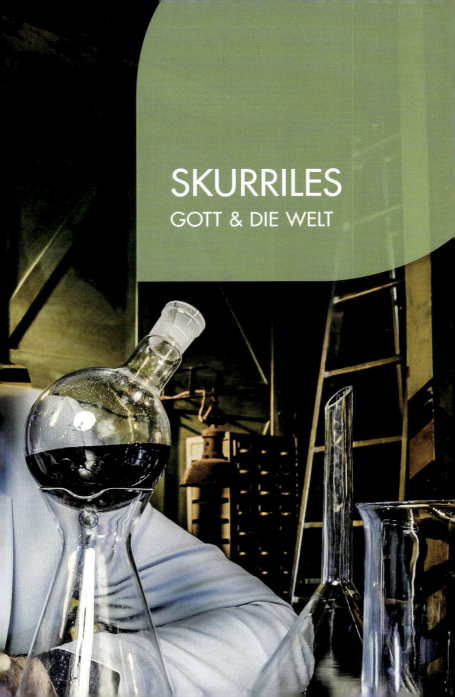

SKURRILES
GOTT & DIE WELT

―――― PER MAIL ――――

WIE ENTSTEHEN KASSENSCHLANGEN?

Susanne G. (43) aus Heide

Warum bildet sich im Supermarkt immer eine Schlange an der Kasse? Zufall? Fügung? Schicksal? Möglicherweise liegt es an den modernen Scannerkassen. Mühselig wird Produkt für Produkt darüber gezogen, quälend langsam und gerne auch mehrmals, bis das erlösende «Pieep» ertönt. Der Laserscanner an der Supermarktkasse bei mir um die Ecke reagiert übrigens so langsam, dass ich schon vermutet habe, dass die Marktleitung die Lichtgeschwindigkeit um mehrere Größenordnungen heruntergesetzt hat.

Früher gab es Supermarktkassen, bei denen mussten die Kassiererinnen den Preis für jedes Produkt noch selbst eintippen. Ich weiß, es klingt völlig verrückt, aber es war so. Das Unternehmen *Aldi* war der beste Beweis, dass das ziemlich flott gehen konnte. Und zwar so schnell, dass es fast schon wieder verdächtig war. Vermutlich hämmerten die *Aldi*-Kassiererinnen vollkommen willkürliche Beträge in die Kasse. Einfach nur, um den Kunden mit ihrer Schnelligkeit zu beeindrucken. Doch auch das ist seit einigen Jahren vorbei. *Aldi Süd* führte im Jahr 2000 die Scannerkasse ein, *Aldi Nord* drei Jahre später.

Ob mit Scanner oder ohne – Warteschlangen gibt es seit eh und je. Was also sind die wahren Gründe für ihre Entstehung? Warum steht man immer in der langsamsten? Und was meint die Wissenschaft dazu?

Zunächst lässt sich sagen, dass man subjektiv *immer* das Gefühl hat, in der langsamsten Schlange zu stehen. Oft ist das jedoch ein klassischer Trugschluss. Um diese These zu überprüfen, müsste man sich über einen Zeitraum von mehreren Monaten in beliebigen Warteschlangen mit Stoppuhr, Klemmbrett und Tabellen anstellen und die Zeiten der eigenen mit denen der anderen Schlangen vergleichen. Glauben Sie mir, das Ergebnis wäre enttäuschend und langweilig – was wahrscheinlich ein Grund dafür ist, dass sich so wenige Menschen mit Stoppuhr, Klemmbrett und Tabellen in eine Warteschlange stellen. Aber dazu hat man schließlich Wissenschaftler.

Feldforschungen zeigen, dass der Bezahlvorgang mit Abstand die meiste Zeit benötigt. Etwa zwei Drittel ihrer Arbeitszeit verwenden Kassiererinnen und Kassierer auf diesen Prozess. Der eine Kunde tippt dreimal die falsche PIN ein, ein anderer möchte seine alten D-Mark-Münzen loswerden, oder der dubiose Stornoschlüssel muss per berittenem Boten aus einer anderen Filiale geholt werden. Stellen Sie sich daher immer in die Schlange mit den wenigsten Kunden. Selbst, wenn diese brechend volle Einkaufswagen haben. Denn es gilt die Faustregel: Das Scannen von 30 Artikeln entspricht einem Bezahlvorgang.

Auch für Wissenschaftler sind Warteschlangen ein faszinierendes Forschungsgebiet. Der Mathematiker Thomas Hanschke hat sich mit der Theorie des Schlangestehens intensiv beschäftigt. Dabei konnte er zeigen, dass wir uns beim Warten wie Moleküle verhalten. Salopp gesagt, sind wir vor der Supermarktkasse nicht viel klüger als ein simples Wasserstoffatom. Kein Wunder, denn die Situation ist von vielen unvorhersehbaren, zufälligen Ereignissen abhängig: unregelmäßige Kundenströme, unterschiedlich schnelle Kunden, nicht ausgezeichnete Waren und, und, und. Solange die Zahl der geöffneten Kassen groß und der Kundenstrom klein ist, läuft alles wie geschmiert. Je höher die Auslastung, desto anfälliger reagiert das System auf zufällige Schwankungen. In statistischen

Simulationsprozessen lässt sich zeigen: Es liegt definitiv nicht an der Dämlichkeit von einzelnen Kunden, die ein Kassensystem zur Überlastung bringt, sondern ausschließlich am Auftragsvolumen. Sobald eine kritische Zahl von Kunden überschritten wird, steigt die Wartezeit überproportional an. Egal, wie flott und intelligent die beteiligten Personen sind. Eine Tatsache, vor der auch die klügsten Wissenschaftler kapitulieren müssen.

Einen Ausweg jedoch gibt es: Die sogenannte amerikanische Schlange gilt nachweislich als das schnellste Wartesystem. Hierbei handelt es sich um eine einzige Warteschlange, die sich erst direkt vor den Kassen bzw. Schaltern aufteilt. Auf Flughäfen, in Bahnhöfen oder Multiplex-Kinos inzwischen gang und gäbe.

Warum aber ist da mein Supermarkt noch nicht drauf gekommen? Vielleicht, weil er sich den Anschein von Exklusivität geben will. Man stelle sich nur vor, vor dem angesagtesten Club der Stadt stünde keine 200 Meter lange Schlange. Nicht auszudenken! Wie uncool wäre das denn?! So gesehen ist das ewig lange Herumstehen in meinem Supermarkt nicht nervig, sondern unglaublich hip!

— PER FAX —

WIE FUNKTIONIEREN POWER-BALANCE-ARMBÄNDER?

Elena S. (19) aus Soltau

Vor nicht allzu langer Zeit trugen viele meiner Bekannten ein sogenanntes Power-Balance-Armband: ein Ding aus Plastik mit einer glänzenden Mylarfolie, in der ein glitzerndes Hologramm eingearbeitet ist. Die Herstellerfirma verspricht, das Band sei so «programmiert», dass es den «natürlichen Energiefluss seines Trägers harmonisiere» und ihn dadurch zu mehr Leistung befähige. Wie ihm das gelingt, wird leider nirgendwo beschrieben. Trotzdem gab es um das Ding einen riesen Hype. Meine Bekannten schworen darauf, denn sie haben sich beim Kauf mit Hilfe eines einfachen Tests selbst davon überzeugt: Den rechten Arm ausstrecken und aufs linke Bein stellen. Dann versucht ein Partner, den Arm nach unten zu drücken. Mit dem Band am linken Arm kann man deutlich mehr Widerstand leisten als ohne. Unglaublich!

Trotz dieses Wunders muss ich Sie enttäuschen: Das Band ist pseudowissenschaftlicher Hokuspokus, eine Art Hasenpfote der Moderne. Wie übrigens alle Armreifen, Kettchen, Kissen oder Decken, die «biomagnetisch regulieren» oder «schädliche Frequenzen» von ihren Käufern abhalten sollen.

Zunächst zum Material: *Mylar* ist ein ganz normaler Markenname, unter dem total harmoniefreie Plastikfolie aus Polyethylenterephthalat (PET) verkauft wird. Das Hologramm wird in einem industriellen Verfahren auf die Folie aufgetragen. In jedem Deko-Laden findet man für ein paar Cent Polyethylenterephthalat-Hologrammaufkleber mit schicken Tier-, Pflanzen- oder Atompilz-Motiven. Je nachdem, welchem «Energietyp» Sie halt so entsprechen. Auf den handelsüblichen Power-Balance-Armbändern steht nur der Firmenname.

Nun zum berühmten Armbeuge-Test. Hier handelt es sich um eine Standard-Methode aus der Kinesiologie, ein pseudowissenschaftliches, alternativmedizinisches Diagnoseverfahren ohne bewiesene Wirksamkeit.

Die Tatsache, dass eine Person bei dem Muskel-Test mit dem Bändchen am Arm meist mehr Widerstand leisten kann als ohne, ist banal zu erklären und benötigt keine dubiosen Energieformen, die dem Träger angeblich zusätzliche Kräfte verleihen. Denn der Test funktioniert auch mit einem Filzstift, einer Banane, einer Zigarette und einem Freundschaftsbändchen von Wolfgang Petry. Aber dafür kann man leider keine 40 Euro verlangen.

Erfahrene Kinesiologen oder Power-Balance-Verkäufer drücken nämlich beim ersten Versuch den ausgestreckten Arm senkrecht nach unten. Beim zweiten Versuch drücken sie diagonal Richtung Körper. Das verändert den Schwerpunkt, der Kunde fällt nicht um, spürt aber keinen Unterschied zwischen den beiden Tests.

Doch auch, wenn man in beiden Versuchen im exakt gleichen Winkel drückt, ist das Phänomen sehr schlüssig durch die sogenannte *self-fulfilling prophecy* zu erklären, quasi die Mutter aller Denkfehler. Wir verhalten uns – bewusst oder unbewusst – so, dass unsere Handlungen mit unseren Erwartungen übereinstimmen. So bitter das jetzt ist: Unser Gehirn ist gar nicht so sehr an der Wahrheit interessiert, sondern es will sich in erster Linie wohlfühlen. Und da wir die Tendenz haben, uns für allwissend zu halten, versucht unser Hirn im Zweifel alles, um dieses Weltbild zu bestätigen. Deshalb neigen wir dazu, Unsinn zu glauben. Weil wir davon überzeugt sind, dass das Bändchen magische Kräfte hat, wenden wir beim Armbeuge-Test unbewusst mehr Kraft auf und erliegen einer klassischen Selbsttäuschung.

Das passiert häufiger, als uns lieb ist. Und zwar quer durch alle Kulturkreise. Im Japanischen klingen das Wort «Vier» und das Wort «Tod» fast gleich, weshalb die «4» in Japan als Unglückszahl gilt. Mit der «13» brauchen Sie einem Japaner gar nicht zu kommen.

Und tatsächlich ist an jedem 4. im Monat in Japan die Herzinfarktrate deutlich erhöht. Natürlich nicht, weil die «4» Herzinfarkte auslöst, sondern weil Japaner davon *überzeugt* sind, dass sie an einem 4. sterben werden. Traurig, aber wahr: Aberglaube kann tödlich sein.

Doch keine Bange, glücklicherweise gibt es eine clevere Methode, die *self-fulfilling prophecy* aufzudecken: mit einem Doppelblindversuch. Einen solchen hat man vor einiger Zeit beim Power-Balance-Band durchgeführt. Forscher der *University of Wisconsin* ließen Versuchspersonen eine Reihe von Gleichgewichts- und Kraftübungen absolvieren. Dabei wussten zum Zeitpunkt der Übungen weder die Testpersonen noch die Prüfer, wer ein original Power-Balance-Band und wer ein Kautschuk-Imitat trug. Und, wen wundert's? Es zeigte sich kein signifikanter Unterschied in den Testergebnissen.

Das Energie-Frequenz-Armbändchen wirkt also nur durch die Kraft der Einbildung. Es kann nichts, außer Geld kosten. Wenn Sie partout ein Powerband verwenden wollen, dass keine wissenschaftlich nachweisbare, aber eine rein suggestive Wirkung hat, dann empfiehlt mein Kollege Professor Dr. Heinz Oberhummer, der in vielen öffentlichen Vorträgen über pseudowissenschaftliche Methoden aufklärt, sich wenigstens das Original zu besorgen: den Rosenkranz.

--- MÜNDLICHE ZUSCHAUERFRAGE ---

KANN MAN SICH BEI EINEM FALLENDEN AUFZUG MIT EINEM SPRUNG NACH OBEN RETTEN?

Benedikt Z. (30) aus Berlin

Diese Frage stellte mir ein Freund, als wir im Skiurlaub in einer vollbesetzten 50-Mann-Gondel zehn Minuten lang auf freier Strecke stehen blieben. Direkt über einer tiefen Gletscherspalte. Einer sehr, sehr tiefen. Während ich über das Problem nachdachte, registrierte ich, dass die übrigen Insassen still geworden waren und mich mit ängstlichen Augen anschauten. «Klar kann man sich retten ...», sagte ich einen Tick zu euphorisch. «Das ist ... also physikalisch ist das ... null Problem!» Sie glaubten mir kein Wort.

Und da taten sie gut dran, denn tatsächlich hätte man in einer frei fallenden Kabine keinerlei Chance, durch einen schnellen Hüpfer nach oben den Aufprall entscheidend abzuschwächen. Sehen wir uns die Vorgänge einmal genauer an: Die Schwerkraft zieht alles, was auf der Erde fällt, mit einer Beschleunigung von $9,81 \text{ m}/\text{s}^2$ in Richtung Erdboden. Dadurch hat die Gravitation im Laufe der letzten Jahrmillionen ziemlich viel kaputt gemacht. Nach nur zwei Metern freiem Fall hat ein Objekt schon eine beachtliche Geschwindigkeit: über 20 Kilometer pro Stunde! Das reicht locker aus, um die Versicherungssumme für Omis Bleikristallvase zu kassieren. Nach fünf Metern sind es schon 35 Kilometer pro Stunde und nach 25 Metern freiem Fall im Stadtverkehr bekommen Sie schon Punkte in Flensburg. Wenn Sie's nicht glauben, fragen Sie Felix Baumgartner.

Ein Hotelaufzug, der beispielsweise aus dem zehnten Stock ungebremst nach unten rast, schlägt mit rund 100 Kilometern pro Stunde vor der Rezeption auf. Angenommen, Sie sind ein guter Sportler und können aus dem Stand 60 Zentimeter in die Höhe springen, katapultieren Sie sich mit gerade mal 12 Kilometern pro Stunde nach oben. Die dürfen Sie jetzt meinetwegen gerne von der Fahrstuhlgeschwindigkeit abziehen. Ob das was bringt? Ich sag's mal salopp: Auch bei 88 Kilometern pro Stunde kann selbst der brillanteste Orthopäde nur noch hilflos mit den Schultern zucken.

So weit die Theorie. In der Praxis verhält sich das Ganze noch ein wenig komplizierter. Selbst wenn Sie Hochsprungweltrekordler wären, wäre es Ihnen in dem fallenden Aufzug nur schwer möglich, nach oben zu hüpfen. Schuld daran ist wieder einmal Albert Einstein. Einstein beschäftigte sich in der Allgemeinen Relativitätstheorie lange und intensiv mit dem Phänomen «Gravitation». Unter anderem fand er dabei heraus, dass Schwerkraft und Beschleunigung praktisch dasselbe sind. Die Folge dieses sogenannten Äquivalenzprinzips ist, dass auf einen Menschen in einem Fahrstuhl, der sich im freien Fall befindet, keinerlei Kraft einwirkt. Die Beschleunigung, mit der die Kabine nach unten saust, ist exakt gleich groß wie die Gravitation, die auf den Fahrstuhl einwirkt. Ein Mensch in einem solchen Fahrstuhl befindet sich demnach in der absoluten Schwerelosigkeit! Natürlich nur bis zum schmerzhaften Aufprall.

Das wirklich Verrückte an der Sache ist, dass man in einem solchen System keinerlei Möglichkeit hat, herauszufinden, ob man sich gerade mit irrsinniger Geschwindigkeit im freien Fall eines Gravitationsfeldes befindet oder ob man vollkommen bewegungslos im schwerelosen Weltall schwebt. Die physikalischen Gesetze sind in beiden Fällen identisch. Und dies ist sogar zigfach experimentell nachgewiesen worden – sollten Sie einmal nach Bremen kommen, können Sie sich selbst davon überzeugen. Im Zentrum für Angewandte Raumfahrttechnologie und Mikrogravitation (ZARM) befindet sich einer von weltweit nur drei Falltürmen. Eine 110 Meter hohe evakuierte Fallröhre, in der eine 80 Zentimeter breite Kapsel beinahe erschütterungsfrei nach unten fällt. Genau 4,74 Sekunden lang herrscht in der Kapsel eine Schwerelosigkeit, auf die man selbst auf der internationalen Raumstation ISS neidisch ist. Füllt man kleine Styroporkügelchen in die Kapsel, kann man mit Hilfe einer mitgeführten Kamera sehen, dass die Kügelchen tatsächlich vollkommen schwerelos im Raum umherschweben. Und genau diese Schwerelosigkeit würde uns im Fahrstuhl – oder in der Gondel – zusätzlich zum Verhängnis werden. Unter diesen Bedingungen wäre es nämlich ziemlich schwierig, uns ordentlich vom Fahrstuhlboden abzustoßen, um den Aufprall wenigstens ein bisschen zu minimieren. Andererseits: Ein paar kostbare Augenblicke in absoluter Schwerelosigkeit – wer hat das schon?

PER MAIL

KANN ES ZEITREISEN GEBEN?

David H. (10) aus Gifhorn

Zeit ist eines der größten Geheimnisse des Universums. Warum vergeht sie überhaupt? Wer treibt sie an? Und warum scheint sie immer nur in eine Richtung zu laufen? Denn wenn dem nicht so wäre, könnten Sie zum Beispiel in die Zeit vor Ihrer Geburt zurückreisen und Ihren zukünftigen Vater umbringen. Intuitiv wissen wir, was das bedeuten würde: Wenn Sie Ihren Erzeuger vor Ihrer Geburt um die Ecke bringen, gäbe es Sie nicht, und Sie könnten demnach auch nicht in die Vergangenheit reisen, um ihn zu beseitigen. Damit dieses sogenannte Vaterparadoxon lösbar ist, gibt es aus wissenschaftlicher Sicht nur eine einzige Erklärung: Ihre Mutter hatte eine Affäre.

Tatsächlich sind Zeitreisen zu einem immer wiederkehrenden Bestandteil der Science-Fiction geworden, von «Raumschiff Enterprise» bis «Zurück in die Zukunft». Was also ist dran an Reisen in die Zukunft oder die Vergangenheit?

Für den guten, alten Isaac Newton, der vor rund 300 lebte, waren Zeitreisen noch undenkbar. Newton betrachtete die Zeit als einen festen Pfeil, der immer nur in eine Richtung zeigt: in die Zukunft. War er einmal abgeschossen, konnte er nicht mehr von seinem Pfad abweichen. Darüber hinaus war Newton überzeugt, dass der Zeitpfeil immer gleich schnell fliegt. Eine Sekunde auf der Erde entsprach genau einer Sekunde im Universum. Eine Vorstellung, die erst 200 Jahre später von Albert Einstein in Frage gestellt wurde. Er zeigte, dass Zeit eher einem Fluss ähnelt, der durch unser Universum fließt. Und wie ein Fluss kann demnach auch die Zeit mal schneller und mal langsamer fließen. Inzwischen ist dies millionenfach experimentell bestätigt: Die Zeit schwankt. Und zwar abhängig vom Ort. Einstein erklärte das scherzhaft an einem netten Beispiel: «Wenn Sie eine Minute lang eine hübsche Frau ansehen, ist das ziemlich kurz. Legen Sie Ihre Hand eine Minute auf die heiße Herdplatte, so ist das ziemlich lang.»

Inzwischen können Wissenschaftler mit Hilfe von Atomuhren die Zeit extrem genau bestimmen. Gemessen wird sie durch Vorgänge in Cäsiumatomen. So ist eine Sekunde definiert als das 9 192 631 770-Fache der Periodendauer eines Strahlungs-Übergangs zwischen den beiden Hyperfeinstrukturniveaus des Grundzustandes von Cäsium-133-Atomen. Nur für den Fall, dass Sie es genau wissen wollen.

Die Einstein'schen Gleichungen zeigen eindeutig, dass die Zeit in bewegten Systemen gegenüber unbewegten Systemen unterschiedlich schnell vergeht. So läuft die Atomuhr für einen Mann, der an einem Bahnsteig steht, tatsächlich messbar schneller als für einen Mann in einem vorbeifahrenden Zug. Vor allem, wenn der Mann im Zug noch zusätzlich seine Frau dabei hat.

Und genau durch diese paradoxe physikalische Tatsache sind Reisen in die Zukunft tatsächlich möglich. Jedes Mal, wenn Astronauten mit knapp 30 000 Kilometern pro Stunde durchs Weltall rasen, vergeht laut Einstein'scher Relativitätstheorie die Zeit im Raumschiff im Vergleich zur Erde ein klein wenig langsamer. Das hat zur Folge, dass Astronauten nach einer zwölfmonatigen Mission in der Raumstation tatsächlich um den Bruchteil einer Sekunde jünger sind als ihre Kollegen auf der Erde. Wäre ein Astronaut mit nahezu Lichtgeschwindigkeit unterwegs, so würden für ihn nur wenige Minuten vergangen sein, während auf der Erde bereits Jahre verstrichen wären. Käme er zurück, wäre er aus irdischer Perspektive also Jahre in die Zukunft gereist. Eine Zeitmaschine, die uns in die Zukunft katapultiert, steht folglich nicht im Widerspruch zu den bisher bekannten Naturgesetzen.

Doch wie sieht es mit Zeitreisen in die Vergangenheit aus? Und damit meine ich nicht einen Wochenendtrip in den Odenwald. Unabhängig von physikalischen Schwierigkeiten und dem eingangs erwähnten Vaterparadoxon ergeben sich bei Zeitreisen in die Vergangenheit eine Reihe von ethischen Problemen. Darf man einen Zeitreisenden wegen Körperverletzung anklagen, wenn er seinem jüngeren Ich eins auf die Glocke gibt? Kann er wegen Bigamie verurteilt werden, wenn er in der Vergangenheit eine Frau heiratet, obwohl seine andere Frau erst in 20 Jahren auf die Welt kommen wird?

1990 stellte der Physiker Stephen Hawking die klügsten Wissenschaftler der Welt vor eine spannende Herausforderung: Sie sollten sich auf die Suche nach einem physikalischen Gesetz begeben, das Zeitreisen ganz und gar und ein für alle Mal ausschließe. Die größten Forscher der Welt dachten darüber nach, philosophierten, rechneten Gleichungen hoch und runter. Schließlich kamen sie zu einem eher peinlichen Ergebnis: Sie konnten tatsächlich kein wissenschaftliches Gesetz finden, das Zeitreisen grundsätzlich verbietet. Obwohl man bisher nicht den leisesten Schimmer hat, wie das Ganze zu bewerkstelligen wäre, schließt keine Gleichung, keine Formel, kein physikalischer Satz eine Reise in die Vergangenheit aus.

Vielleicht wird das Problem von Zeitreisen in ferner Zukunft gelöst werden. Immerhin hat man ja auch den selbstschärfenden Gemüsehobel erfunden. Möglicherweise können unsere Kindeskinder tatsächlich irgendwann mal zu uns in die Vergangenheit reisen. Doch auch, wenn das möglich sein sollte, werden diese Zeitreisen wohl auch in 1000 Jahren nicht durchgeführt werden. Denn wäre das so – wo sind dann die ganzen Touristen aus dem Jahr 3013?

―― MÜNDLICHE ZUSCHAUERFRAGE ――

IST ES SICHERER, BESOFFEN NACH HAUSE ZU FAHREN ODER ZU LAUFEN?

Sabrina P. (27) aus Starnberg

Wir leben in einem risikoreichen Zeitalter. Ständig müssen wir lebensgefährliche Entscheidungen treffen: Soll ich mit dem Flugzeug in den Urlaub fliegen (65 Tote / Jahr)? Oder doch lieber mit dem Auto fahren (4600 Tote / Jahr)? Oder nicht doch besser daheimbleiben und den Haushalt in Schuss halten (5500 Tote / Jahr)? Wie man's macht, macht man's verkehrt.

Konkrete Risikoeinschätzungen fallen uns oft schwer. Wir fürchten uns vor Haiangriffen, obwohl die Wahrscheinlichkeit, beim Schwimmen von einem Hai attackiert zu werden, bei mickrigen 1 : 30 Millionen liegt. Und wenn Sie Ihren Urlaub am Bodensee verbringen, ist sie sogar noch geringer.

Andererseits sehen wir keine übermäßig große Gefahr darin, uns jeden Tag eine Schachtel Reval ohne Filter in die Lunge zu pumpen. Einige glauben sogar, dass man das Lungenkrebsrisiko vermindern kann, wenn man im Krankenhaus raucht.

Doch individuelle Risikoabschätzung beruht eben nicht auf nüchterner Statistik, sondern basiert auf Angst. Und die kann sehr irrational sein. Angst ist im ältesten Teil unseres Gehirns verankert. Ein Relikt aus der Zeit, in der die Reptilien am Drücker waren. Und wie jeder weiß: Reptilien sind nicht unbedingt die hellsten. Wenn Sie einen Alligatoren fragen, wie hoch die Wahrscheinlichkeit ist, aus einer Schale mit hundert roten und zehn weißen Kugeln dreimal hintereinander Rot zu ziehen – vergessen Sie's!

Besonders bei Gefahr ist das primitive Reptiliengehirn darauf programmiert, intuitiv zu handeln und nicht den Taschenrechner herauszuholen, um mal schnell die Überlebenschancen sauber durchzurechnen. Und dieses Reptiliengehirn ist noch immer Bestandteil unseres Oberstübchens, weswegen wir trotz einer üppig ausgestatteten Großhirnrinde Risiken entweder massiv unter- oder überschätzen. Oder anders gesagt: Die echten Gefahren sind oft nicht die, die wir fürchten.

Entgegen der Auffassung vieler Menschen ist Alkohol hochgefährlich. Es gibt eigentlich keinen Teil des Körpers, den man mit Hilfe von Alkohol nicht in Schutt und Asche legen könnte: Leber, Herz, Bauchspeicheldrüse, Magen etc., etc. Und von den indirekten Gefahren habe ich noch gar nicht gesprochen. Autofahren etwa. Wenn Sie bei Tempo 170 mit einem Glas Sherry in der Hand einschlafen, ist ruckzuck die Hose versaut. Deswegen werben zahllose Kampagnen dafür, nach der Cocktailparty das Auto lieber stehen zu lassen und nach Hause zu laufen. Im ersten Moment erscheint das sinnvoll. Glaubt man den Aufzeichnungen der US-amerikanischen *National Highway Traffic Safety Administration* (NHTSA), so verursacht ein betrunkener Fahrer mit einer dreizehnfach höheren Wahrscheinlichkeit einen Unfall als ein nüchterner. Die deutschen Zahlen würden vermutlich eine ganz ähnliche Tendenz zeigen.

Fahren unter Alkoholeinfluss ist also ohne Zweifel immens riskant. Doch wie hoch ist eigentlich das Unfallrisiko, wenn Sie brav den Autoschlüssel beim Wirt abgeben und stattdessen betrunken zu Fuß nach Hause wanken? Auch hier geben die Zahlen der NHTSA Auskunft: Pro Jahr sterben in den USA etwas mehr als 1000 betrunkene Fußgänger bei Verkehrsunfällen. Sie torkeln über dicht befahrene Kreuzungen, legen sich an den Straßenrand, um ein kurzes Nickerchen zu machen, oder versuchen, zwischen den zwei herannahenden Lichtern auf der Landstraße hindurchzugehen.

Verglichen mit der Gesamtzahl der rund 13 000 US-Verkehrsopfer bei alkoholbedingten Unfällen ist die Anzahl der besoffenen Fußgänger zwar relativ gering, aber bei der Frage, ob es risikoreicher ist, betrunken nach Hause zu fahren oder zu laufen, kommt es nicht auf die Gesamtzahl an. Entscheidend hierbei ist das Unfallrisiko pro zurückgelegte Strecke. Deshalb haben die Ökonomen Steven D. Levitt und Stephen J. Dubner vor einiger Zeit ausgerechnet, wie hoch das Risiko eines Betrunkenen ist, pro gefahrene bzw. pro gelaufene Meile zu verunglücken. Was sie herausfanden, ist ziemlich irritierend: Wenn ein Betrunkener nach einer Kneipentour nach Hause läuft, besitzt er ein achtmal höheres Risiko, bei einem Unfall ums Leben zu kommen, als wenn er nach Hause *gefahren* wäre.

Deswegen ein heißer Tipp*:* Fahren Sie nach der nächsten Party lieber mit dem Taxi nach Hause. Aber achten Sie in jeden Fall drauf, dass der Taxifahrer nüchtern ist.

―――― PER MAIL ――――

WAS WÜRDE PASSIEREN, WENN MAN EIN LOCH QUER DURCH DIE ERDE BOHREN UND DANN IN DAS LOCH SPRINGEN WÜRDE?

Pauline W. (15) aus Mannheim

Ich gebe zu, die Frage klingt ein wenig unrealistisch. Andererseits: Wer hätte bis vor kurzem geglaubt, dass ein Mensch aus 34 Kilometern Höhe mit einem Fallschirm abspringen kann und lebendig unten wieder ankommt? Oder dass Thomas Gottschalk als Moderator bei «Wetten, dass …?» zurücktritt? Oder Joseph Ratzinger als Papst?

Gewiss wird es auch mit bester deutscher Ingenieurstechnik niemals möglich sein, ein Loch durch die Erde zu bohren. Was im Wesentlichen daran liegt, dass unsere Erde keine Kugel aus festem Material ist, sondern eine zu großen Teilen wabernde Substanz aus heißem, flüssigem Gestein. Nach etwa 30 bis 100 Kilometern Erdkruste beginnt dieser zähflüssige Bereich, der sich 2900 Kilometer ins Erdinnere erstreckt. Dann plötzlich verändert sich die Materialeigenschaft. Im Erdkern, der in etwa der Größe von unserm Mond entspricht, herrscht ein unglaublicher Druck. Der führt dazu, dass das eisen- und nickelhaltige Gestein trotz Temperaturen von 5000 Grad Celsius vollkommen erstarrt ist.

Verglichen mit dem Gesamtdurchmesser der Erde von rund 12 700 Kilometern ist das tiefste je von Menschenhand gebohrte Loch mit 12 262 Metern nicht gerade spektakulär. Es befindet sich auf der russischen Halbinsel Kola, die im Übrigen noch ein schickes Kernkraftwerk, ein Atommülllager und ein paar Militäreinrichtungen der sowjetischen Marine zu bieten hat. Nur, falls Sie mal einen Kurzurlaub dorthin planen.

Dennoch ist obige Frage für physikalisch interessierte Leser nicht uninteressant. Und ich garantiere Ihnen: Mit diesem Gedankenspiel machen Sie sogar auf jeder Party Eindruck. Probieren Sie es aus. Praktisch jeder hat dazu irgendeine mehr oder weniger intelligente Theorie, die er nur allzu gerne kundtut.

Um abzuschätzen, was passieren würde, wenn man in ein hypothetisches Loch durch die Erde spränge, benötigt man ein paar Grundkenntnisse über das Wesen der Gravitationskraft. Isaac Newton erkannte als Erster, dass sich zwei Massen mit einer Kraft anziehen, die proportional zum Quadrat ihres Abstandes ist. Das heißt: Zwei Körper, die doppelt so weit voneinander entfernt sind, erfahren nur ein Viertel der Anziehungskraft. Das ist der Grund, weshalb im tibetanischen Hochland die Personenwaage etwas weniger anzeigt als auf Sylt. Falls Sie also Ihrer Frau eine Freude machen wollen, fahren Sie das nächste Mal besser nach Lhasa als nach Westerland. Auch wegen der Kultur natürlich.

Noch leichter als in luftiger Höhe werden Sie allerdings im Erdinneren. Je tiefer Sie in die Erde eindringen, desto weniger Schwerkraft ist vorhanden, da sich ein Teil der Masse der Erde nun über Ihrem Kopf befindet. Diese Masse zieht Sie nach oben und hebt damit einen Teil der Wirkung der Masse unter Ihren Füßen auf. Ich bin mir sicher: Würde Ihre Frau im Bohrloch von Kola auf die Waage steigen, ihr würden Tränen der Freude über die Wange laufen. «Sooo leicht war ich das letzte Mal mit fünfzehn!!!»

Je tiefer man ins Erdinnere eindringt, desto geringer wird also die Schwerkraft. Im Erdmittelpunkt heben sich alle Massen über, unter und neben Ihnen genau auf. Dort würden Sie genauso schwerelos umherschweben wie im All.

Mit diesen Informationen ist klar, was bei einem hypothetischen Sprung durch die Erde passieren würde: Ganz am Anfang wirkt noch die volle Erdbeschleunigung von 9,81 m/s^2. Mit zunehmender Falldauer jedoch nimmt die Beschleunigung kontinuierlich ab. Ihre Fallgeschwindigkeit wird natürlich trotzdem größer. Nach rund 6350 Kilometern erreichen Sie am Erdmittelpunkt Ihre höchste Geschwindigkeit. Wenn Sie allerdings über diesen Punkt hinausschießen, vermindert sich Ihre Geschwindigkeit wieder kontinuierlich, da nun mehr Erdmasse hinter als vor Ihnen liegt. Gäbe es keinerlei Reibungsverluste durch den Luftwiderstand, würden Sie gerade noch das gegenüberliegende Ende des Bohrlochs erreichen. Dort müssen Sie sich dann schnell an der Kante festhalten, denn die Gravitation zieht Sie sofort wieder in das Loch hinein, und das ganze Theater geht von vorne los.

Ohne Reibung würden Sie folglich bis zum Sankt-Nimmerleins-Tag hilflos zwischen den beiden Ausgängen hin und herpendeln. Allerdings wäre Reibungsfreiheit nur bei einem idealen Vakuum im Erdloch möglich. Luft anhalten wäre also angesagt – was bei den stolzen zehn Minuten, die Sie bis zum Erdmittelpunkt bräuchten, recht sportlich wäre.

Mit Reibung sähe Ihre Situation allerdings auch nicht viel besser aus, denn dann reichte der Schwung nämlich nicht mehr aus, um das gegenüberliegende Loch zu erreichen. Folglich würden Sie eine Weile mit immer geringerem Ausschlag hin und her geworfen werden. So lange, bis Ihre Pendelbewegung genau im Erdmittelpunkt zum Stillstand käme. Traumhaft leicht und schwerelos, dafür aber bei 5000 Grad Celsius.

PER MAIL

WARUM GEWINNT DIE BANK IMMER?

Markus S. (43) aus Sindelfingen

Nein, hier geht es ausnahmsweise mal nicht um die Finanzkrise, sondern um das Phänomen Glücksspiel – was zugegebenermaßen mitunter auf das Gleiche herauskommt.

Schon vor 3000 Jahren begann der Mensch, zum reinen Vergnügen zu zocken. Anfangs mit Würfeln aus Elfenbein oder Tierknochen, im Mittelalter kamen dann Brett- und Kartenspiele dazu. Auch das allseits beliebte Hütchen-Spiel, das auch heute noch von osteuropäischen Kleinunternehmern in deutschen Fußgängerzonen betrieben wird, entstand in dieser Zeit.

Offenbar fasziniert es die Menschen, ihr Glück herauszufordern und auszuprobieren, ob sie den Zufall nicht doch überlisten können. Im 16. und 17. Jahrhundert entwickelte sich daraus sogar eine echte Wissenschaft. Damals wurden in Europa die ersten Spielbanken gegründet, in denen vor allem gebildete Adlige ein und aus gingen. Abend für Abend verloren sie ein Vermögen. Einige davon mochten sich nicht mit ihrem Schicksal abfinden und setzten sich mathematisch mit dem Glücksspiel auseinander. Sie wollten das perfekte Spielsystem entwickeln, um langfristig zu gewinnen. Besonders zu erwähnen ist hierbei der italienische Mathematiker und Philosoph Gerolamo Cardano. Cardano war in höchstem Maße spielsüchtig und demnach ständig pleite. Also setzte er sich hin, begann die Gewinnchancen für Karten- und Würfelspiele zu berechnen und entwickelte quasi als «Abfallprodukt» die Wahrscheinlichkeitstheorie. Cardano führte akribisch Buch über die Ergebnisse unterschiedlicher Glücksspiele und übersetzte diese in die Sprache der Mathematik. Danach war er zwar immer noch pleite, aber er hatte ziemlich viel über das Wesen des Zufalls gelernt. Zum Beispiel erkannte er als Erster das «Gesetz der großen Zahlen», eine fundamentale Erkenntnis, die bis zum heutigen Tag die Grundlage der Statistik darstellt: Jeder einzelne Wurf mit einer Münze oder einem Würfel ist unmöglich voraussagbar. Ob Kopf oder Zahl, ob die Eins, die Drei oder die Sechs fällt, ist komplett dem Zufall unterworfen. Außerdem ist jeder Wurf unabhängig vom anderen. Doch je mehr Würfe man hintereinander ausführt, desto klarer zeichnet sich eine Tendenz ab. Wenn ich einen Würfel 600-mal hintereinander werfe, so wird ungefähr 100-mal die Sechs fallen. Je öfter ich würfle, desto besser nähert sich die Anzahl der geworfenen Sechsen an das Verhältnis 1 : 6 an. Das ist ziemlich erstaunlich, oder? Denn die einzelnen Würfe sind ja völlig unabhängig voneinander. Und doch scheint der Würfel ein Gedächtnis zu haben. Wie sonst soll er «wissen», dass er bei 6000 Würfen 1000-mal auf die Sechs fallen soll?

Das Gesetz der großen Zahlen verwirrte Cardano, und es ist auch heute noch für professionelle Statistiker verwirrend. Und für professionelle Spieler erst recht, denn es verleitet sie unter anderem dazu, in der Spielbank immer und immer wieder Geld zu setzen, weil sie es auf kleine Zahlen übertragen. So gibt es inzwischen im Casino an jedem Roulette-Tisch ein Display, das die letzten zehn oder fünfzehn gefallenen Zahlen auflistet. Damit wird den Spielern suggeriert, dass sie den zukünftigen Verlauf voraussagen können. Siebenmal hintereinander Rot? Jetzt muss doch einfach Schwarz kommen! Das ist natürlich Unsinn. Sonst hieße es ja nicht Gesetz der großen, sondern Gesetz der *kleinen* Zahlen.

Am 18. August 1913 gab es in Monte Carlo ein bemerkenswertes Ereignis. An diesem Abend landete die Kugel des Roulettes 26-mal hintereinander auf Schwarz. Wie man sich vorstellen kann, wurde immer häufiger auf Rot gesetzt, je öfter die Kugel auf Schwarz landete. Und eine Menge Menschen verloren an diesem Abend eine Menge Geld.

Im Laufe der Jahrhunderte haben unzählige Menschen versucht, mit Setzsystemen das Gesetz der großen Zahlen zu überlisten. Alle vergeblich. So leid es mir für alle leidenschaftlichen Zocker tut: Die Bank gewinnt immer. Zum einen, weil wir irrtümlich dazu neigen, den Zufall zu ignorieren und auf Muster zu setzen, wo keine sind. Zum anderen, weil die Bank einen simplen statistischen Vorteil hat: Wenn man beim Roulette einen Chip auf eine Zahl setzt und diese gewinnt, erhält man das 36-Fache des Chipwertes steuerfrei. Viele denken, die Chance zu gewinnen, beträgt also 36 zu 1. Das ist falsch. In Wirklichkeit sind nämlich 37 Zahlen auf dem Rad. Die Null ist auch noch mit dabei. Wenn die Spielbank fair wäre, müsste sie eigentlich das 37-Fache ausbezahlen. Täte sie das, müsste sie nach dem Gesetz der großen Zahlen nach einer gewissen Zeit genauso viel Geld ausbezahlen, wie sie eingenommen hätte. Der Gewinn der Bank wäre im langfristigen Mittel gleich null. Doch mit einem Gewinn von null Euro kann man keine Spielbank betreiben. Deshalb behält die Bank jedes Mal, wenn sie einen Gewinn an einen Gast ausbezahlt, ein Siebenunddreißigstel quasi als «Provision» ein. Von diesen mickrigen 2,7 Prozent bezahlt das Casino dann seine Steuern, die Möbel, die Überwachungskameras und das ganze schicke Drumherum.

Casinos mogeln nicht. Sie arbeiten nicht mit falschen Würfeln oder gezinkten Karten, und unter dem Rad sind keine Magneten. Die Mathematik macht die gesamte Arbeit.

Zum Abschluss verrate ich Ihnen jetzt, wie Sie Ihre Chance auf einen Gewinn im Casino eklatant vergrößern können: Gehen Sie nicht hin. Viel Glück dabei.

― PER POST ―

WAS IST DRAN AN HOROSKOPEN?

Andrea P. (46) aus Lindau

Neulich auf einer Party unterhielt ich mich mit einer netten Frau. Als ich im Laufe des Gespräches erwähnte, dass ich Physik mit Nebenfach Astronomie studiert habe, rollte sie verzückt mit den Augen und sagte: «Astronomie? Das ist ja toll! Was bist du denn eigentlich für ein Sternzeichen?» In diesem Zusammenhang ein kleiner Tipp: Fragen Sie einen Naturwissenschaftler nie nach seinem Sternzeichen. NIE! Genauso gut könnten Sie einen Piloten fragen, ob er schon mal zum Rand der Scheibe geflogen ist.

Auch wenn in letzter Zeit die Begeisterung für Sternzeichen und Aszendenten durch anderen Hokuspokus wie Reiki oder Quantenheilung verdrängt wurde, erfreuen sich Horoskope immer noch großer Beliebtheit. Und das, obwohl es lediglich minimaler astronomischer Grundkenntnisse bedarf, um die Methode der Astrologie zu widerlegen. Sind Sie bereit? Okay, dann los. Praktisch alle Horoskope werden auf der Grundlage des sogenannten Tropischen Tierkreises berechnet. Der Tropische Tierkreis mit seiner berühmten Einordnung in die zwölf bekannten Tierkreiszeichen wurde vor ungefähr 2300 Jahren im griechisch-ägyptischen Alexandria entwickelt. Ausgangspunkt hierbei war der Frühlings- oder auch Widderpunkt: ein astronomisch genau definierter Himmelspunkt zum Zeitpunkt des Frühlingsanfangs. Bei der Erstellung des Tropischen Tierkreises zeigte der Frühlingspunkt auf das Sternbild Fische. Ein paar Wochen später erschien dann am Himmel das Sternbild Widder, danach kam der Stier usw., usw.

Auch heute noch orientieren sich die Astrologen an der 2300 Jahre alten Einteilung der Tierkreiszeichen. Sie fragen Sie nach dem genauen Geburtsdatum und errechnen dann auf der Grundlage des Tropischen Tierkreises die genaue Sternenkonstellation bei Ihrer Geburt. Allerdings gibt es da einen kleinen Haken: Die Berechnung ist kompletter Humbug.

Wie Sie vielleicht wissen, ist die Rotationsachse der Erde um 23,5 Grad gegen die Erdbahnachse geneigt. Das führt dazu, dass die Erde eine sogenannte Präzessionsbewegung ausübt. Die kennen Sie von jedem Kreisel, dessen Achse gegenüber dem Untergrund etwas geneigt ist. Dadurch eiert der Kreisel langsam um die Senkrechte herum. Und genau dasselbe passiert auch mit unserer Erde. Ein Phänomen, das bereits im 2. Jahrhundert vor Christus von dem griechischen Astronomen Hipparchos von Nicäa entdeckt wurde. Inzwischen weiß man, dass die Erdachse genau 25 790 Jahre benötigt, um sich einmal um die Senkrechte zu drehen. Astronomen bezeichnen diese Periode auch als «Platonisches Jahr».

Ja gut, sagen Sie jetzt vielleicht. Aber was hat das alles mit meinem Horoskop zu tun? Eine Menge! Die stetige Präzessionsbewegung der Erde führt nämlich dazu, dass sich langsam, aber sicher der Frühlingspunkt gegenüber den dahinterliegenden Sternbildern verschiebt. Der Tropische Tierkreis jedoch ist in Stein gemeißelt. Der bewegt sich seit seiner Einführung keinen Millimeter. Ein eindeutiger Hinweis, dass Astrologen ein wenig unflexibel sind.

Denn was vor 2300 Jahren gepasst hat, passt heute schon lange nicht mehr. Inzwischen haben sich die realen Sternbilder gegenüber dem Tropischen Tierkreis um über drei Wochen verschoben. Im Klartext bedeutet das: Löwen sind eigentlich Krebse und Waagen sind Jungfrauen. Einige Leserinnen nicken jetzt möglicherweise und denken: «Siehste, ich wusste von Anfang an, mein Karlheinz kann kein Stier sein!» Ist er auch nicht. Karlheinz ist eigentlich Widder.

Wenn Sie also wirklich unbedingt wissen wollen, in welchem Tierkreis Sie geboren sind, dann sollten Sie nicht zu einem Astrologen, sondern zu einem Astronom gehen. Der kann ihnen nämlich völlig ohne tropischen Tierkreis-Schnickschnack präzise berechnen, welche Position die Sonne, von der Erde aus gesehen, im Augenblick Ihrer Geburt einnahm.

All das habe ich übrigens auch meiner Partybekanntschaft erklärt. Sie hörte mir fasziniert zu und fragte zum Schluss: «Und, glaubst du jetzt an Astrologie oder nicht?» Ich überlegte kurz und antwortete: «Natürlich nicht. Ich bin Zwilling. Und Zwillinge sind sehr, sehr skeptische Menschen ...»

PER FAX

WIE OFT MÜSSTE MAN EIN BLATT PAPIER FALTEN, BIS ES ZUM MOND REICHT?

Julia F. (9) aus Rosenheim

Die menschliche Intuition ist eine phantastische Gabe. Wir sind fähig, in Sekundenbruchteilen zu erkennen, ob die Gruppe Jugendlicher, die uns in der Nacht entgegenkommt, harmlos oder gefährlich ist. Frauen benötigen zwei bis drei Sekunden, um zu wissen, dass sie mit dem Typen, der sie gerade in der Kneipe anspricht, definitiv keine Familie gründen möchten. Bei den Herren dagegen dauert diese Erkenntnis mitunter etwas länger. Manche Männer kapieren es erst, wenn die Scheidungspapiere auf dem Tisch liegen.

Alles in allem funktioniert unsere erste Einschätzung hervorragend. Bei Zahlen oder Wahrscheinlichkeiten führt sie uns allerdings oft in die Irre. Wenn man zum Beispiel ein Band um den Äquator legen könnte und es um einen Meter verlängern würde, wie hoch würde es dann über dem Äquator schweben? Ziemlich genau 16 Zentimeter. Das klingt erst mal nicht sehr wahrscheinlich, oder? Wenn Sie's nicht glauben, probieren Sie es einfach aus. Egal, ob Sie das Band um eine Billardkugel wickeln oder um die Milchstraße, die Mathematik zeigt eindeutig: Bei einer Verlängerung um einen Meter beträgt der Abstand IMMER 16 Zentimeter, unabhängig vom Durchmesser des jeweiligen Objekts. Intuitiv wäre man darauf wohl nie gekommen.

Viele tun sich mit Naturwissenschaft und Mathematik deshalb schwer, weil die Ergebnisse oftmals antiintuitiv sind: Sie passen einfach nicht zu unseren natürlichen Erwartungen.

Ein normales Blatt Papier ist etwa einen Zehntelmillimeter dick. Der Abstand zwischen Erde und Mond beträgt rund 400 000 Kilometer. Also, was schätzen Sie: Wie oft müsste ich das Papier falten, um auf 400 000 Kilometer zu kommen? Schätzen Sie einfach mal! Die Antwort gibt's weiter unten ...

Lange dachte man, dass rein technisch gerade mal sieben oder acht Faltungen möglich seien. Und zwar unabhängig, wie dünn das Blatt ist. Versuchen Sie es. Schon nach kurzer Zeit ist der Papierturm so dick, dass man ihn nicht mehr knicken kann.

Im Januar 2002 bewies die amerikanische Schülerin Britney Gallivan in einem Mathematikprojekt, dass sich diese Grenze noch etwas überschreiten lässt. Es gelang ihr tatsächlich, einen über 1000 Meter langen Streifen Toilettenpapier zwölfmal zu falten. Der Klopapierturm hatte zum Schluss eine Höhe von rund 40 Zentimetern. Ob er in dieser Form dann auch zum Einsatz kam, ist allerdings nicht bekannt.

Um mit Ihrem Blatt Papier zum Mond zu kommen, benötigen Sie die Hilfe der Mathematik. Bei jedem Faltvorgang verdoppelt sich die Dicke des Papiers. Bei den ersten paar Faltvorgängen tut sich nichts Außergewöhnliches: Die Papierdicke scheint eher moderat anzuwachsen. Doch schon beim vierten oder fünften Faltvorgang steigt die Dicke plötzlich überproportional an. Der Mathematiker nennt ein solches Wachstum «exponentiell». Nach zehnmaligem Falten sind es bereits 1024 Papierlagen. Zehnmaliges Verdoppeln führt also zu einer Vertausendfachung des Anfangswertes. Und so geht es munter weiter. Nach 20 Faltungen ist der Turm bereits 100 Meter hoch, nach 30 Faltungen 100 Kilometer, nach 40 Faltungen 100 000 Kilometer! Jetzt sind wir schon fast angekommen. Es sind nur läppische 42 Faltungen nötig, um von der Erde zum Mond zu kommen.

Zugegeben, dieses Beispiel ist natürlich sehr unrealistisch. Dabei kommt exponentielles Wachstum in unserem alltäglichen Leben sehr häufig vor. Zum Beispiel bei der Ausbreitung von Epidemien. Eine Handvoll Infizierter genügt, um innerhalb von kürzester Zeit Millionen anderer Menschen anzustecken. Auch wenn wir unser Geld aufs Konto legen und Zinsen dafür bekommen, haben wir es mit einem solchen Wachstum zu tun: Angenommen, bei der Geburt von Jesus Christus hätte sein Stiefvater Josef einen Cent zu fünf Prozent angelegt, dann betrüge sein Vermögen heute $4,3 \times 10^{40}$ Euro! Das entspräche einem Goldklumpen, der mehr wiegt als unser gesamtes Sonnensystem.

Stellen Sie sich vor, Jesus käme heute wieder, würde zur Stadtsparkasse Frankfurt gehen und sagen: «Grüß Gott, ich würde gerne mein Geld abheben ...» – da käme der nette Schalterangestellte ganz schön ins Schwitzen.

Unglücklicherweise gilt die gleiche Gesetzmäßigkeit auch in umgekehrter Richtung: bei Schulden.

— PER FAX —

WARUM KANN MAN ÜBER GLÜHENDE KOHLEN GEHEN?

Florian S. (25) aus Halle

Einige von Ihnen kennen vielleicht Emile Ratelband, einen niederländischen Motivationstrainer, der seit 20 Jahren wie ein Irrer auf der Bühne herumspringt und unschuldigen Menschen «Tschakkaa! Du schaffst es!» ins Gesicht brüllt. Am Ende seines Vortrages lässt er seine Zuhörer dann nacheinander über glühende Kohlen gehen. Durch diesen Feuerlauf möchte er den Menschen zeigen, dass der Geist über die Materie siegen kann. Die Macht der Gedanken ist anscheinend fähig, menschliches Gewebe so zu beeinflussen, dass es nicht verbrennt, wenn es großer Hitze ausgesetzt ist. Und es funktioniert tatsächlich! Wieder und wieder sind die Kursteilnehmer fasziniert davon, dass sie offenbar mit ihrem puren Willen Schmerzen ausschalten können. Was sie zwangsläufig auch müssen, denn andernfalls ist das Herumgebrülle vom Kursleiter nur schwer erträglich.

Die Tatsache, dass wir über glühende Kohlen gehen können, ohne uns zu verletzen, hat jedoch überhaupt nichts Unerklärliches oder gar Übernatürliches an sich. Die Wahrheit ist – wieder einmal – viel banaler: Hinter diesem Phänomen steckt pure Physik. Ein wichtiger Punkt beim Feuerlaufen ist die Kontaktzeit von Fuß und Kohlen: Wenn man normal schnell geht, berühren die Füße den Boden nur für einen kurzen Moment. Weniger als eine halbe Sekunde pro Schritt. Intuitiv trödelt man beim Gang über die glühenden Kohlen nicht groß herum – wer würde schon mitten auf der Glut stehen bleiben, um mal eben für ein heißes Facebook-Foto zu posieren?

Noch entscheidender für die Fähigkeit, über glühende Kohlen zu gehen, sind allerdings die geringe Wärmekapazität und vor allem die schlechte Wärmeleitfähigkeit der Holzkohle.

Unter Wärmekapazität versteht man die Fähigkeit eines Körpers, Wärmeenergie zu speichern. Wärmeleitfähigkeit ist das Vermögen eines Körpers, Wärme zu leiten, also in die eine oder andere Richtung abzugeben.

An der Stelle eine kleine Quizfrage: Warum können wir in einer 90-Grad-Sauna minutenlang sitzen, während man in 90 Grad heißem Wasser schon nach wenigen Augenblicken die Lust verliert? In der Sauna befindet sich um unseren Körper eine dünne Luftschicht, die sich sofort abkühlt, weil sie aufgrund ihrer geringen Wärmekapazität kaum Wärme speichern kann. Wasser dagegen besitzt eine hohe Wärmekapazität. Und was das bedeutet, weiß jeder Hummer, der das Pech hatte, in einem Feinschmeckerlokal zu landen.

Metalle haben übrigens ebenfalls große Wärmekapazitäten verbunden mit hervorragenden Wärmeleitfähigkeiten. Falls Sie das nicht glauben, dann legen Sie einfach mal beim nächsten Saunabesuch eine Halskette aus Gold an. Lehnen Sie sich dann nach vorne und lassen Sie das Goldkreuz vor Ihrem Dekolleté baumeln. Nach ein paar Sekunden schließen Sie die Augen und lehnen Sie sich ruckartig zurück. Achten Sie dabei besonders auf das fast unmerkliche «Zisch» und den leckeren Geruch nach Grillfleisch.

So etwas kann Ihnen beim Feuerlaufen nicht passieren. Die glühende Holzkohle ist nämlich von ihren thermodynamischen Eigenschaften her viel näher an denen der Luft als an denen von Wasser oder gar Metall. Eine halbe Sekunde Kontaktzeit reicht somit bei weitem nicht aus, um die Hitze auf Ihre Füße zu übertragen. Dadurch können Sie bequem über die Kohlen gehen und bleiben unverletzt. Würde Emile Ratelband seine Kursteilnehmer dagegen verletzungsfrei über eine heiße *Metallplatte* gehen lassen, dann würde ich seine Gedanken über die «Kraft der Gedanken» nochmals überdenken.

Zusammenfassend kann man festhalten, dass man beim Gang über glühende Kohlen nur ein extrem geringes Verbrennungsrisiko eingeht. Das kann ich Ihnen als Physiker versichern! Ich habe es letztes Jahr sogar selbst ausprobiert. Na ja, ich musste, wohl oder übel. Meine Frau hat mir ein Motivationsseminar zum Geburtstag geschenkt. Die Ironie an der Geschichte: Die Tatsache, dass man sich auf die Physik hundertprozentig verlassen kann, änderte nichts daran, dass ich vor meinem Lauf über die glühenden Kohlen dreimal aufs Klo gelaufen bin.

PER MAIL

WAS IST DER STEIN DER WEISEN?

Maria C. (59) aus Füssen

Seit ewigen Zeiten ist die Menschheit fasziniert von Mysterien und Legenden. Wir suchen nach dem Heiligen Gral, versuchen verzweifelt, das versunkene Atlantis zu finden oder einfach nur einen halbwegs fairen Handwerksbetrieb. Einer der bekanntesten Mythen ist der geheimnisvolle «Stein der Weisen». Er ist so populär, dass selbst Harry Potter ihn im ersten Band unbedingt finden will.

Doch was versteht man unter diesem dubiosen Brocken? Erstmals aufgekommen ist der Begriff im späten 17. Jahrhundert durch die Alchemisten – den Popstars des späten Mittelalters. Das große Ziel der Alchemie war es, aus nichts unermesslichen Reichtum zu erzeugen. Heute würde man als Berufsbezeichnung Scharlatan, Esoteriker oder Investmentbanker angeben, damals aber steckte die Wissenschaft noch in den Kinderschuhen. Die Grenze zwischen Aberglauben und Naturforschung war fließend. Deswegen dachte und experimentierte man in alle möglichen Richtungen, selbst bedeutende Wissenschaftler wie Isaac Newton oder Johannes Kepler waren fasziniert von alchemistischen Theorien.

Um das große Ziel der Alchemie zu erreichen, musste man zunächst herausfinden, aus was genau Materie besteht und nach welchen Gesetzen die Welt funktioniert. Newton etwa fragte sich: Warum fällt ein Stein nach unten? Das war zu dieser Zeit eine vollkommen absurde Frage. Denn man dachte: Na ja, ein Stein gehört eben nach unten. Johannes Kepler – der der Astrologie anhing – fragte sich: Warum bewegen sich die Planeten um die Sonne?

Auch hier stutzte der kleine Mann auf der Straße und sagte: Na, warum wohl? Das ist eben eine göttliche Entscheidung.

Die Forscher jedoch gaben sich mit solcherlei windigen Antworten nicht zufrieden. Sie glaubten an Kausalität, daran, dass jede Wirkung von einer klar definierbaren Ursache hervorgerufen wird. Die Verknüpfung von Ursache und Wirkung ist ein Grundprinzip der modernen Wissenschaft und führte zu revolutionären Erkenntnissen. So entdeckte man die Gravitationskraft, wies nach, dass sich Äpfel und Birnen nach der gleichen Mechanik bewegen wie Planeten und fand sogar heraus, dass unser egozentrisches geozentrisches Weltbild falsch war. Bei dem alchemistischen Versuch, unermesslichen Reichtum zu erzeugen, scheiterten die Wissenschaftler jedoch. Das musste schließlich auch Newton akzeptieren. Ganz aufgegeben hat er die Alchemie dennoch bis zu seinem Tod nicht.

Auch andere Forscher waren davon begeistert. Sie dachten: Wenn man schon nicht aus «nichts» «etwas» erzeugen kann, könnte man dann wenigstens aus «etwas» «etwas Besseres» erzeugen? Das könnte doch funktionieren! Deswegen machten sich viele daran, ein unedles Material in ein edleres zu transformieren. Sie hatten die Idee, aus Blei Gold herzustellen. Und die Substanz, die das angeblich konnte, nannten sie den «Stein der Weisen». Um den zu finden, unternahmen zahllose Alchemisten im Laufe der letzten Jahrhunderte die kuriosesten Experimente. Mein persönlicher Favorit in diesem Fall ist der deutsche Alchemist Hennig Brand. Ende des 17. Jahrhunderts experimentierte er mit einem ungewöhnlichen Ausgangsmaterial: menschlichem Urin. Zunächst kochte er den Urin ein. Machen Sie das bitte nicht zu Hause! Vor allem nicht mit den normalen Kochtöpfen in Ihrer Küche. Denn das dickflüssige Endprodukt riecht ziemlich streng. Brand jedoch ließ sich von dem Gestank nicht beeindrucken. Wer den Stein der Weisen finden will, darf eben nicht zimperlich sein. Der Alche-

mist erhitzte das eingekochte Zeug über einem 1000 Grad heißen Brenner – was zur damaligen Zeit ziemlich knifflig war – und destillierte damit vorsichtig die Flüssigkeit. Nach dem Abkühlen blieb ein blasser, wachsartiger Feststoff zurück. Brand hatte eine Substanz erschaffen, die noch nie ein Mensch zuvor hergestellt hatte. Kurios. Der Stein der Weisen war eigentlich ein Urinstein.

Doch unter Zugabe von etwas Hitze beobachtete Brand plötzlich etwas unglaublich Verblüffendes: Die merkwürdige Substanz fing an, hell zu leuchten! Ohne es zu wissen, hat Hennig Brand zum ersten Mal in der Geschichte der Menschheit ein chemisches Element isoliert: Phosphor. Im Laufe der kommenden Jahre bekam Phosphor als Lichtbringer eine große Bedeutung und wurde tatsächlich ziemlich teuer gehandelt. Als «Stein der Weisen light» sozusagen.

Die Alchemisten des 17. Jahrhunderts lieferten mit ihren akribischen Versuchen viele experimentelle Grundlagen von heutiger Chemie, Physik und Astronomie. Und auch, wenn sie sich als Pseudowissenschaft entpuppt hat, versuchen immer noch zahllose Menschen, den «echten» Stein der Weisen zu finden. Salopp gesagt steht dahinter der ewige Wunsch, aus Scheiße Gold zu machen. Gerüchten zufolge ist das bisher nur einem gelungen. Er ist Plattenproduzent und lebt in Tötensen.

— PER MAIL —

SIND WIR UNSTERBLICH?

Matthias S. (51) aus Bremen

Der Wunsch nach Unsterblichkeit ist die größte ungestillte Leidenschaft des Menschen. Deswegen beschäftigen sich auch sämtliche Religionen damit. Bei genauerer Betrachtung jedoch sind die religiösen Vorstellungen der Unsterblichkeit ziemlich frustrierend. Für die alten Germanen war das Jenseits eine Art Ballermann-Urlaub: Met saufen bis zum Anschlag, mit Thor am Lagerfeuer sitzen und sich gegenseitig die Birne einhauen. Morgens werden alle wieder zum Leben erweckt, und das Ganze geht mit einem riesen Brummschädel wieder von vorne los. Die christliche Vorstellung vom Paradies ist dagegen eher langweilig: Hosianna singen und ansonsten irgendwie den Tag rumkriegen. Bei den Mormonen verbringt man seine Unsterblichkeit mit all seinen Verwandten. Dann doch lieber die Hölle, oder?

Selbst im Islam ist nicht alles Gold, was glänzt. Viele Muslime freuen sich auf den prophezeiten endlosen Spaß mit 72 Jungfrauen, doch dieses Versprechen ist wohl auf einen Übersetzungsfehler zurückzuführen: Angeblich wird der wahre Muslim im Paradies lediglich mit 72 Weintrauben belohnt. Na toll.

Auch, wenn es kaum zu glauben ist: Aus wissenschaftlicher Sicht sind wir tatsächlich unsterblich! Zumindest unsere Einzelteile. Jeder Mensch ist aus etwa 40 verschiedenen chemischen Elementen aufgebaut: Kalzium, Schwefel, Eisen etc. Die Elemente Kohlenstoff, Sauerstoff, Wasserstoff und Stickstoff machen dabei den überwiegenden Teil von uns aus. Fast 96 Prozent unseres Körpers besteht aus diesen vier Verbindungen. Wenn wir sterben, hauchen wir zwar unser Leben aus, und unser Körper zerfällt mit der Zeit, unsere Atome, aus denen wir bestehen, existieren aber weiter. Sie gehen in die Atmosphäre über, verbinden sich mit anderen Elementen und bilden nach einiger Zeit die Basis für andere Dinge: einen Stein, einen Baum, vielleicht sogar eine Kakerlake. Wenn wir zerfallen, kommen wir wieder. Als Rucola vielleicht. Oder als Tofu. Wir sind alle zu 100 Prozent recyclebar. Und dazu müssen wir noch nicht einmal Mülltrennung betreiben.

Das ist nur möglich, weil alles, was in unserem Universum existiert, aus den exakt gleichen Grundbausteinen besteht. Ein Kohlenstoffatom in einem Gehirn unterscheidet sich in nichts von einem Kohlenstoffatom in einem Stück Brot. Und bei manch einem ist das auch direkt nachvollziehbar.

Auf atomarer Ebene gibt es daher auch keinen Unterschied zwischen lebender und toter Materie. Das Einzige, was physikalisch-chemisch gesehen einen Tisch von einem Kanarienvogel unterscheidet, ist die spezifische Zusammensetzung von Wasserstoff, Kohlenstoff, Schwefel und ein paar anderen Elementen. Mehr nicht. Und diese Bausteine existieren schon fast seit Anbeginn unseres Universums. Sie wurden nicht hier auf der Erde erzeugt, sondern draußen in den Tiefen des Weltalls. Lange, bevor die Erde selbst überhaupt da war. Jedes Atom, jedes Molekül in unserem Körper trägt die gesamte Geschichte des Universums in sich, vom Urknall bis zum heutigen Tag. Alles, was wir hören, sehen, schmecken und fühlen, wurde in den ersten drei Minuten nach dem Urknall erzeugt, im Inneren der Sterne geschmiedet oder bei Supernova-Explosionen vor mehreren Milliarden Jahren gebildet. Ist das nicht irre? Wir alle sind älter, als Jopie Heesters es je war!

Das bedeutet logischerweise auch, dass wir selbst aus Bausteinen bestehen, die früher etwas ganz anderes waren. Vielleicht war ja eines Ihrer Atome mal Bestandteil von Kleopatras Nase? Oder

Napoleons Knie. Das ist kein Scherz. Geht man nämlich davon aus, dass jeder Mensch aus rund 10^{28} Atomen aufgebaut ist (bei Napoleon naturgemäß etwas weniger), und nimmt man weiterhin an, dass wir nach unserem Tod in sämtliche Einzelteile zerfallen und in den Kreislauf der Natur zurückgeführt werden, so ist es eine banale statistische Rechnung, dass wir mit jedem Atemzug einzelne Bausteine eines jeden Menschen, der jemals auf diesem Planeten gelebt hat, einatmen. Ist das nicht verrückt? Mit jedem Atemzug kommunizieren wir mit Shakespeare, Sokrates oder Marilyn Monroe.

So gesehen lebt Elvis noch. Der King of Rock 'n' Roll wohnt nicht unentdeckt in Memphis, nicht auf den Malediven oder in Argentinien, nein – ein bisschen was von ihm steckt in jedem von uns.

―― MÜNDLICHE ANFRAGE ――

GIBT ES EINEN GOTT?

Vince E. (45) aus Frankfurt am Main

Stellt man im Bekanntenkreis die Frage «Glaubst du an Gott?», bekommt man oft nur recht schwammige Antworten: «Na ja, jetzt nicht so im Sinne der Kirche. Aber ich glaube schon, dass da irgendwas ist.»

Im Laufe der Jahrhunderte wurden von verschiedensten Philosophen und Theologen immer wieder Argumente für die Existenz Gottes hervorgebracht. Bereits im 13. Jahrhundert formulierte Thomas von Aquin eine Reihe von angeblichen Gottesbeweisen, darunter sein berühmtes kosmologisches Argument: Es muss eine Zeit gegeben haben, in der keine physikalischen Objekte existierten. Da heute aber physikalische Gegenstände vorhanden sind, muss irgendetwas Nichtphysikalisches sie ins Dasein gebracht haben. Dieses Etwas muss also Gott gewesen sein.

Bei logischer Betrachtung basiert diese Argumentation auf einer puren Vermutung und ist natürlich alles andere als ein Beweis. Thomas von Aquin wirft eine Frage auf, und weil er darauf keine Antwort hat, ersetzt er sie einfach durch «Gott».

Am bekanntesten ist der ontologische Gottesbeweis, den Anselm von Canterbury 1087 formulierte: Gott ist das Größte und Vollkommenste, was überhaupt gedacht werden kann. Wenn wir uns also eine solche absolute Vollkommenheit vorstellen können, so muss sie auch existieren. Daher ist Gott real.

Auch dieser Beweis ist nicht wirklich überzeugend. Nur, weil wir uns etwas in unserem Kopf vorstellen können, heißt das noch lange nicht, dass es auch automatisch existieren muss. Sonst würde es ja auch Einhörner, Kobolde oder ehrliche Politiker geben. Und das ist selbstverständlich völlig absurd.

Die Art, über dieses Thema zu diskutieren, veränderte sich erst im 17. Jahrhundert. In dieser Zeit fand in Europa die Geburt der modernen Wissenschaften statt, mit großen Denkern wie Francis Bacon, Johannes Kepler, Galileo Galilei oder René Descartes. Was war daran neu? Die Gelehrten beschäftigten sich zum ersten Mal mit «echten» Beweisen, indem sie ihre Thesen durch Experimente überprüften.

Der irische Naturforscher Robert Boyle setzte in einer öffentlichen Vorlesung einen Vogel in einen Behälter und pumpte die Luft heraus. Daraufhin starb das arme Tier. Boyles Schlussfolgerung war: «Ich habe ein Vakuum geschaffen.» Die religiösen Menschen im Auditorium jedoch sagten: «Das kann nicht sein. Denn Gott ist überall, und in einem Vakuum kann es keinen Gott geben. Also ist ein Vakuum nicht möglich.» Aber Boyle erwiderte: «Blödsinn! Der Vogel ist tot.» Worauf sich unter den tiefgläubigen Herren verständnislose Entrüstung breitmachte. Logik verwirrt Dogmatiker.

Was sagen die nüchternen Naturwissenschaften zu einem Gottesbeweis? Die frohe Botschaft für alle Religiösen: Die Naturwissenschaft schließt die Existenz Gottes keineswegs aus. Es gibt zwar nicht die geringsten physikalischen, chemischen oder biologischen Hinweise darauf, dass Gott existiert. Auf der anderen Seite kann man mit naturwissenschaftlichen Methoden auch nicht hundertprozentig beweisen, dass irgendetwas *nicht* existiert. Eine klassische Patt-Situation also.

Moment, Moment! Ein bisschen was habe ich zum Schluss schon noch, schließlich möchte ich Sie bei dieser fundamentalsten aller menschlichen Fragen nicht mit einer vagen Aussage Ihren Zweifeln überlassen.

Gehen wir von dem christlichen Gottesbild der Dreifaltigkeit aus, so liefern die theologischen Schriften alles, was man für einen ordentlichen Gottesbeweis benötigt. Die Frage der Dreifaltigkeit ist hierbei: Existiert ein Gott in drei Teilen, oder sind es drei Götter in einem? Diese Frage wird umfassend in der *Catholic Encyclopedia*, die 1913 erschien, beantwortet: «In der Einheit der Gottheit sind drei Personen: der Vater, der Sohn und der Heilige Geist. Diese drei Personen sind wirklich voneinander unterschiedlich. Oder mit den Worten des Athanasischen Glaubensbekenntnisses: So ist der Vater Gott, der Sohn Gott, der Heilige Geist Gott. Und doch sind es nicht drei Götter, sondern ein Gott.»

Der wissenschaftlich denkende Mensch erkennt in diesem vom Vatikan abgesegneten Absatz eine glasklare mathematische Textaufgabe, bei der gilt:

1) $V(\text{ater}) = G(\text{ott})$
2) $S(\text{ohn}) = G(\text{ott})$
3) $H(\text{eiliger Geist}) = G(\text{ott})$

Gleichzeitig gilt auch:

4) $V(\text{ater}) + S(\text{ohn}) + H(\text{eiliger Geist}) = G(\text{ott})$

Es handelt sich also um ein System von vier Gleichungen mit den vier Unbekannten V, S, H, G. Dieses Gleichungssystem ist eindeutig lösbar.

Gott = 0, Vater = 0, Sohn = 0, Heiliger Geist = 0

Erstaunlich, oder? Mathematisch gesehen ist Gott null und nichtig. Die katholische Lehre liefert das, was die Wissenschaft bisher vergeblich zu beweisen versucht hat.

HINTER DEN KULISSEN
EIN WERKSTATTBERICHT

Seit 2008 hat sich das Format *Wissen vor acht,* eine Marke der WDR mediagroup, im Vorlauf zur Tagesschau etabliert und zählt inzwischen zu den bekanntesten und beliebtesten ARD-Sendungen.

Ursprünglich hatte Ranga Yogeshwar die Idee, Alltagsfragen kurz und unterhaltsam zu beantworten, und bald wollten wir sein Format um eines mit großem praktischem Anteil ergänzen: *Wissen vor acht – Werkstatt.*

Als ich Vince Ebert zum ersten Mal mit seiner Show «Freiheit ist alles» live auf der Bühne erlebte, stand für mich fest, dass er genau der Richtige für dieses Format war: überzeugend durch seinen naturwissenschaftlichen Background, unterhaltend durch sein Talent als Kabarettist, authentisch durch seine Menschlichkeit.

Uns war klar, dass wir für ihn eine besondere Location suchen mussten, möglichst eine originale Industriekulisse, am besten ein Raum mit Werkstattcharakter und mit Platz für Experimente. Wir waren froh, als wir die Werkhalle im Industriebahnmuseum in Köln-Longerich entdeckten – sie war perfekt geeignet für das, was wir vorhatten.

Im Februar 2011 war es dann endlich so weit: Wir drehten die ersten Folgen. Es ging unter anderem um die Zuschauerfrage, wie gefährlich der Stromschlag eines Weidezauns sei. Vince wurde dafür an einem Haken, der von der Deckenhalle hing, hochgehoben, um frei zwischen den Werkstattmaschinen in der Luft schweben zu können.

Und auch in Zukunft sollte Vince' Engagement für die Wissenschaft immer mit ganzem Körpereinsatz erfolgen – so erinnere ich mich noch gut an den Dreh, bei dem er in eine große

Kühltruhe steigen musste, um klären zu können, warum Sahne im Sommer nicht steif wird. Glücklicherweise holte er sich dabei keinen Schnupfen. Ein anderes Mal ließ er sich mit Zaumzeug an einen Tisch festbinden, um Pferdestärken zu demonstrieren – natürlich nicht, ohne zu betonen: «... dafür hab ich nicht studiert!»

Vince war und ist immer zu allen Schandtaten bereit gewesen – bis zu dem Tag, an dem wir die Frage klären wollten, wie ein Wetterhahn funktioniert. Als kleinen Gag sollte Vince mit einem echten Hahn auf dem Schoß gedreht werden. Doch plötzlich war er ungewohnt zurückhaltend. Wir wunderten uns: Was war denn an dem Federvieh auszusetzen? Bis es uns dämmerte – war es möglich, dass ... ja, dass ... – Vince Ebert Angst vor Hühnern hat? Und tatsächlich: So war es. Nichtsdestotrotz nahm er zum Schluss tapfer den Hahn auf den Schoß. Respekt!

Nicht nur für Vince selbst, sondern auch für das gesamte Team sind die Dreharbeiten neben allem Spaß immer wieder eine große Herausforderung. Wie reicht man Requisiten aus dem Off? Wie können Kameramann und Moderator ihre Bewegungen aufeinander abstimmen? Und wie und vor allem wo soll man an einem tanzenden Vince (er stellte mit zwei Gymnastikbändern die Frage nach, ob Schallwellen sich gegenseitig auslöschen können) nur das Tonmikro befestigen? Zum Glück sind die klassischen Medien geruchsneutral, sonst wäre die Episode, in der wir eine Gurke zum Leuchten brachten, nicht zumutbar. Es stank wirklich entsetzlich!

Viele sehr gute Folgen sind seither produziert und ausgestrahlt worden. Also war es Zeit, die interessanten Themen jetzt mit noch mehr Wissen, Humor und Reflexion auch in Buchform zu veröffentlichen. Wir freuen uns darüber und auf viele weitere Folgen von *Wissen vor acht – Werkstatt*.

Pamela Wershofen
Redakteurin *Wissen vor acht – Werkstatt*

DANKSAGUNG

Ein Buchprojekt ist ein bisschen so wie ein schwimmender Eisberg, den ich auf Seite 29 beschrieben habe. Als Autor steht man gut sichtbar auf dem Cover und sackt gegebenenfalls auch den ganzen Ruhm ein. Aber das ist natürlich nur die Spitze. Viele Helfer, Unterstützer, Ideen- und Ratgeber sind nicht sichtbar. Wie bei Eisbergen auch liegt das meiste unter der Oberfläche. Deswegen gilt an der Stelle mein großer Dank zunächst dem gesamten Team von Wissen vor acht – Werkstatt, allen voran *Ranga Yogeshwar*, dem Erfinder der Sendung, *Pamela Wershofen* von der WDR mediagroup, die mich als Moderator entdeckt und durch den nahezu undurchdringlichen ARD-Dschungel geführt hat. Und natürlich *Ulrike Wolpers* und *Angela Sommer*, die als Autorinnen mit vielen unorthodoxen Ideen der Sendung den humorvollen Kick geben.

Ein Buchprojekt ohne Verlag ist wie Teflon ohne Pfanne. Bereits zum dritten Mal habe ich die große Ehre, mit dem Dream-Team von Rowohlt, *Julia Vorrath* und *Barbara Laugwitz*, zusammenzuarbeiten. Vielen Dank für euer großes Vertrauen!

Ohne meine Mitarbeiterin *Andy Hartard* hätten Sie dieses Buch nicht lesen können, weil ich ziemlich sicher immer noch daran schreiben würde. Danke, Andy, für unermüdliche Recherche, gnadenlose Kritik und eiserne wissenschaftliche Korrektheit!

Des Weiteren danke ich:

- *Änni Perner und Stina Pfaff*, die wieder einmal das Buch zu einem optischen Leckerbissen gestaltet haben.
- *Thorsten Wulff und Frank Eidel*, die mich von all meinen Schokoladenseiten fotografiert haben.
- *Dr. Ralf Plag* vom GSI Darmstadt für die wertvollen Korrekturen zu vielen Themen der Physik.

- *Philipp Weber*, meinem Odenwälder Kabarett-Kollegen, der mehr über Ernährung weiß als die WHO.
- *Prof. Dr. Walter Krämer*, meinem Helden der Statistik.
- *Dr. Vera Spillner* und *Jörg Resag* für die detaillierte Verbesserung des Sonnen-Textes.
- *Prof. Dr. Achim von Keudell, dem* Spezialisten für den vierten Aggregatzustand.
- *Andreas Steinle* und *Christof Lanzinger* vom *Zukunftsinstitut* für das umfangreiche Datenmaterial zur Weltbevölkerung.
- *Prof. Dr. Klaus von Klitzing* und *Atze Schröder* für ihre tollen Kommentare auf dem Buchrücken.

Mein größter Dank aber gilt meiner Managerin *Susanne Herbert* sowie dem gesamten Team von HERBERT Management, das mich seit über zehn Jahren spitzenmäßig rundumbetreut (auch wenn ich noch nicht Pflegestufe 3 erreicht habe). Danke, Susanne, für deine Mühe, deine kreativen Ideen, deine Freundschaft, deine Akribie, deinen Enthusiasmus, deine Herzlichke... – okay, jetzt is' aber gut!

MEHR VOM AUTOR

ZUM LESEN, ZUM HÖREN, ZUM LACHEN, ZUM VERSCHENKEN!

DENKEN SIE SELBST!
BUCH & HÖRBUCH

MACHEN SIE SICH FREI!
BUCH & HÖRBUCH

Besuchen Sie Vince auch auf:
WWW.FACEBOOK.COM/VINCE.EBERT

Das für dieses Buch verwendete Papier ist FSC®-zertifiziert.